软件架构设计

大型网站技术架构与业务架构融合之道

余春龙 / 著

电子工业出版社

Publishing House of Electronics Industry

北京·BEIJING

内 容 简 介

本书系统化地阐述了技术架构与业务架构的方法论与实践。本书内容分为 5 大部分，第 1 部分从行业背景出发定义架构的概念与范畴；第 2 部分细致讨论架构所需的计算机功底，包括编程语言、操作系统、数据库、网络、框架、中间件；第 3 部分从高并发、高可用、稳定性、分布式事务、Paxos/Raft 一致性算法、CAP 理论等方面探讨技术架构；第 4 部分从业务架构思维、微服务、领域驱动设计、技术架构与业务架构融合的角度探讨业务架构；第 5 部分从个人素质、团队能力两大方面，诠释从技术到管理的转变方法。通过本书，读者可以对大型业务系统的架构方法论有全局的认识，同时对软件架构的核心能力有深刻的理解，对个人的技术成长起到一定的借鉴作用。

本书不仅适合工程师、架构师阅读，也适合企业系统开发人员在内的软件开发从业人员阅读。

图书在版编目（CIP）数据

软件架构设计：大型网站技术架构与业务架构融合之道 / 余春龙著. —北京：电子工业出版社，2019.2

ISBN 978-7-121-35603-2

Ⅰ. ①软… Ⅱ. ①余… Ⅲ. ①网站建设－软件开发－架构 Ⅳ. ①TP393.092.2

中国版本图书馆 CIP 数据核字（2018）第 296162 号

责任编辑：宋亚东

印　　刷：北京盛通商印快线网络科技有限公司

装　　订：北京盛通商印快线网络科技有限公司

出版发行：电子工业出版社

　　　　　北京市海淀区万寿路 173 信箱　　邮编：100036

开　　本：787×980　　1/16　　印张：16　　字数：321.5 千字

版　　次：2019 年 2 月第 1 版

印　　次：2023 年 7 月第15次印刷

定　　价：79.00 元

凡所购买电子工业出版社图书有缺损问题，请向购买书店调换。若书店售缺，请与本社发行部联系，联系及邮购电话：（010）88254888，88258888。

质量投诉请发邮件至 zlts@phei.com.cn，盗版侵权举报请发邮件至 dbqq@phei.com.cn。

本书咨询联系方式：010-51260888-819，faq@phei.com.cn。

前　言

为什么写本书？

当我在写本书时，脑子里还会浮现当初读研究生期间一个劲儿地啃 UML 建模、软件架构设计书籍的情景。对于当时一个没有太多项目经历的人来说，这种理论知识显得又晦涩又抽象。但也正是这种"过早熏陶"，使得我在工作后从事的一个接一个的项目中，会去"多想"一些架构方面的事情。

为什么说是"多想"了呢？稍微有些职场经验的人都知道，无论是在面试还是日常工作中，在技术方面大家更多谈论的是语言、数据结构与算法、操作系统原理、某种框架或中间件的原理与使用方式等这些"硬"性的东西，因为这些"硬"性的东西容易表述，里面的学问深浅也容易衡量。而软件建模、架构设计这种"软"性的东西，就不那么容易衡量了。大家都知道它们很重要，但又说不清楚里面到底包含了哪些学问，所以谈论这些东西通常都比较"虚"。最终就是大家很少在方法论方面谈论它们，而是等到项目中具体问题具体解决，这非常符合实用主义思维。

另一方面，随着互联网的发展，很多大型网站或系统要处理海量的用户访问，需要解决高并发、高可用和由此带来的数据一致性问题，这也使得大家把大部分精力都用在了解决这些问题上面。我把这些问题称为"显性问题"，因为如果解决不好，会造成系统宕机，用户体验受损，给企业带来严重损失，大家都能意识到这种问题很重要。解决的思路通常有两个：第一，利用分布式系统的特性，不断地分拆，把大系统拆小，降低风险，各个击破；第二，小步快跑，快速迭代，设计不合理没关系，可以不断重构，不断发布新版本。

但还有一类问题是"隐性问题"，是指系统的可重用性、可扩展性、可维护性等。因为一个系统由于设计得不好导致研发人力的投入和时间成本的增加，往往是没有办法显式地衡量的。可能不是系统设计得不好，而是业务本身就很复杂，又或者各部门之间的沟通协调问题，所以导致开发效率低。再说，即使系统设计得不好，做新功能有沉重的历史包袱，还能通过加班加点解决。但其实"隐性问题"比"显性问题"影响更大，因为它会让技术拖业务后腿，当有新需求的时候，系统无法跟随业务快速变化。

本书不想偏废二者中的任意一个。因为对于一个系统来说，可能既面临高并发高可用的技术问题，又面临复杂的业务问题，如何很好地处理二者的关系，从而打通技术和业务的任督二脉，是本书想要探讨的。

如何阅读本书？

架构是一种综合能力，而不是某一方面的技能。也正因为如此，本书提供的是一个全面的解决方案、方法论、成体系的设计思维。因此，本书将从基础技术谈起，再到高层技术、再到业务、管理，提供一个架构能力的全局视图，从而让大家明白一个架构师的能力模型究竟是什么样的。

具体来说，全书分为 5 大部分：

第 1 部分：从行业背景出发，对架构做一个宏观概述。让读者知道，当我们说架构的时候，都在说什么。

第 2 部分：计算机功底。功底非常重要，这是做架构的基本门槛。大学的教科书上教的全是功底，但经过多年实践之后，再回过头看书本内容，体会完全不一样。

第 3 部分：技术架构。这部分是纯技术，讲如何应对高并发、高可用、一致性方面的问题。

第 4 部分：业务架构。在这部分，我们将看到如何从技术延展到业务，如何跳出技术细节去抽象思考问题，如何通过业务建模把技术和业务进行融合。

第 5 部分：从职业发展的角度，从技术延展到管理。建立起对公司、商业、团队管理的一些基本认知。

对于刚入行的新人来说，建议从头看到尾，从而对架构的能力体系有一个全面认知；对于有经验的从业者，可以选取自己感兴趣的章节翻看。

由于编写时间紧张，书中难免存在不足之处，望广大读者批评指正。意见和建议请发送至邮箱 272142606@qq.com。

作　者

读者服务

轻松注册成为博文视点社区用户（www.broadview.com.cn），扫码直达本书页面。

- **下载资源**：本书如提供示例代码及资源文件，均可在 下载资源 处下载。
- **提交勘误**：您对书中内容的修改意见可在 提交勘误 处提交，若被采纳，将获赠博文视点社区积分（在您购买电子书时，积分可用来抵扣相应金额）。
- **交流互动**：在页面下方 读者评论 处留下您的疑问或观点，与我们和其他读者一同学习交流。

页面入口：http://www.broadview.com.cn/35603

目　　录

第 5 部分　从架构到技术管理

第1部分　什么是架构

因为不同的技术方向、业务领域和公司对于架构的定义有很大差异，所以如果给架构下一个精确定义，要么会片面、局限，要么会过于抽象、大而空洞。

即使如此，作者还是想尝试用一句话来抽象：架构是针对所有重要问题做出的重要决策。很显然，不同公司或同一家公司的不同历史阶段面临的"重要问题"也不同，所以架构所做的事情自然也不一样。

在这样的认知基础上，我们将先从架构的职业分类、技术方向分类、架构的道与术等方面对架构做一个概览；之后，着眼于"大型网站"或者"大型的在线业务系统"领域，系统化地探讨这个领域的架构包含了哪些思路和方法。

当然，这些思路和方法在其他技术领域也同样适用，正所谓大道相通。

第1章 | 五花八门的架构师职业

1.1 架构师职业分类

随便找一个招聘网站或者猎头发布的招聘广告，我们就能看到各式各样的架构师头衔：Android/iOS 架构师、PHP 架构师、Java 架构师、前端架构师、后端架构师、数据架构师、搜索架构师、中间件架构师、大数据架构师……五花八门，不一而足。

然后看用人单位对应聘者工作年限的要求，有些是 3~5 年，有些是 8~10 年。

从这些岗位需求可以看出，"架构师""架构"其实都是很"虚"的词，不同技术领域和行业对员工要求的能力模型和工作经验差异很大，不是能用一个简单的"架构师"就可以概括的。

本书并不是要把所有不同种类的架构所需要的能力逐一分析一遍，而是希望借业务架构和技术架构的融合，来建立一种系统化的思维方式和学习方法。这种系统化的思维方法既可以帮助开发人员形成系统化的方法论，也可以为在校学生和刚进入职场的开发人员起到一个引路作用，在职业发展过程中少走弯路。

1.2 架构的分类

撇开市场上招聘岗位的分类，单纯从技术角度来看，把软件系统自底往上分层，通常会得到如图 1-1 所示的软件系统架构分层。

1. 第一层：基础架构

基础架构指云平台、操作系统、网络、存储、数据库和编译器等。随着目前云计算越来越普及，很多的中小型公司都选择了大公司的云计算平台，而不是自己研发和维护基础架构。

2. 第二层：中间件与大数据平台

（1）**中间件架构**。例如分布式服务中间件、消息中间件、数据库中间件、缓存中间件、监控系统、工作流引擎和规则引擎等。

（2）**大数据架构**。例如开源的 Hadoop 生态体系，Hive、Spark、Storm、Flink 等。

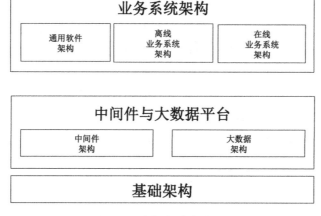

图 1-1　软件系统架构分层

3. 第三层：业务系统架构

（1）通用软件系统。 例如最常用的办公软件、浏览器、播放器等。

（2）离线业务系统。 例如各种基于大数据的 BI 分析、数据挖掘、报表与可视化等。

（3）大型在线业务系统。 例如搜索、推荐、即时通信、电商、游戏、广告、企业 ERP 或 CRM 等。

关于架构的这种分类方法，有两点需要说明：

- 对于中小型公司，可能没有第二层，或者即便有第二层，也只有很小的一部分。对于大型公司，在第二层和第三层的处理策略上也不一样：有些公司会让业务团队同时做第二层的工作，做在线业务系统的同时做了中间件的工作，做大数据业务系统的同时搭建和维护了大数据架构；有些公司会安排专门的团队做中间件与大数据平台，供上层各个业务系统使用。当然，实际也没有这么绝对，某个业务团队如果觉得中间件团队所做的工作不能满足业务需求，可能会选择自己造轮子。

- 对于第三层的划分，此处并不是很绝对，因为现实中软件的种类实在太多，比如嵌入式系统。同样，通用性软件和业务软件的界限也并不是泾渭分明的。一个业务系统随着技术的进步，很多功能将被通用化、标准化，最终变成了一个通用系统。比如搜索，在以前是一个专业性很强的业务系统，随着搜索技术的不断进步，现在搜索的很多功能已经被通用化了，有了 ES 这样的搜索平台，可以服务于电商、广告等其他各种业务，而不仅限于搜索本身。再比如权限控制、工作流引擎、规则引擎等，以前只是在某个业务系统里使用。后来大家发现很多业务系统里都需要类似的东西，于是抽象出来，成了通用的业务中间件。通用化的过程是一个技术不断进步的过程，也是一个使用门槛不断被降低的过程。

3

本书聚焦在大型在线业务系统的架构，即图 1-1 中第三层的第三部分。对于大规模的在线业务系统，一方面要处理高并发、高可用等技术问题；另一方面要面对各种复杂的业务需求，并且这些需求还在一直变化。如何把业务和技术很好地结合起来，处理好两者的关系，是本书要重点探讨的一个方向。

但本书并不只讲第三层，相反，要从第一层讲起。因为只有对下面的原理有了深刻理解，才可能对上面所构建的业务系统有深刻认识。

但需要面对的现实是，本书不可能同时把基础架构和业务架构讲得很透彻。一方面，作者不是基础架构方面的专家；另一方面，任何一个基础架构的系统，或者中间件、大数据的系统，都是一个很专业的子领域，钻进去都可以耗尽一个人毕生的精力。

第2章 | 架构的道与术

2.1 何为道，何为术

假设用 Java 语言绘制一个大型网站，其典型架构如图 2-1 所示。

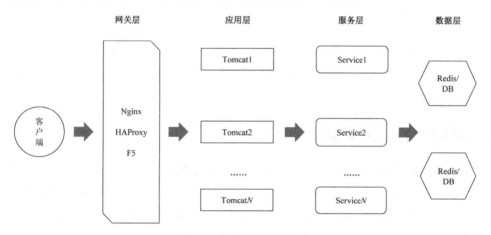

图 2-1　大型网站的典型架构

但这张图并不能说明什么问题，因为实际的架构决策并不能在这张图上反映出来。比如：

- 如何拆分服务？
- 如何组织服务与服务之间的层次关系？
- 如何设计接口？
- 缓存数据结构与更新策略是什么样的？
- 缓存宕机后系统是否可用？
- 数据库如何分库分表？
- 消息队列在什么地方使用？
- 需要部署多少台 Tomcat？需要部署多少台 RPC 服务？
- ……

这个问题的列表可以无限长。本书将提供一个系统的方法论，帮助读者分析和解决这一系列问题。

这个方法论，即是架构的道。具体来说，对于技术问题，主要指高并发、高可用和一致性方面；对于业务问题，主要指业务的需求分析和业务建模。这些方法论来自大量的业务系统实践，并在实践基础上进行了思考和总结。

道的东西往往会比较虚，可能说了半天对方还是不知道你说的是什么。但越是"虚"，越是"抽象"，就越有必要阐释清楚，而这也正是本书要试图解决的一个问题：把抽象玄幻的业务建模方法论、晦涩难懂的分布式一致性理论，用通俗的语言表达出来，让读者可以从一个"最朴素的视角"去看待这些理论。

但要讲道，首先得讲术，因为得先有"地基"。术方面的东西大家比较容易理解，就是某种具体的语言、框架或中间件的使用技巧。术的东西比较具体，具有实操性，容易描述，不会陷入"不知所云"的局面。

本书不会把道上升到哲学层面，虽然最终所有的学科、学问被抽象到一定的程度往往会上升到哲学高度。本书会尽可能把道局限在解决"业务的技术问题"层面，尽可能"言之有物"，避免大而空洞。

2.2　道与术的辩证关系

在武侠小说中，练就一门顶级武功，会同时涉及两个东西：一是内功心法，二是外部招式。前者是道，后者是术。但凡武林中的顶级高手，一定具有深厚的内功。那些招式花哨但内功不深厚的人，在江湖上通常只能在平常人中耀武扬威，一旦跟高手过招，往往只需几个回合就会原形毕露。

这样比喻道和术的关系很容易理解。但这样说又有夸大内功心法、轻视外部招式的嫌疑，让人觉得内功心法比外部招式重要，导致外部招式被忽视。

在中国哲学（主要来自儒家）中，一直有一个核心思想："知行合一"。个人觉得用这个来表达道和术的关系会更为贴切。知，是理论，是套路，是解决问题的方法论；行，是实践，是操作，用于解决一个个实际问题。先有实践，然后总结出理论，用理论指导新的实践，在新的实践中再总结出新的理论。如此循环往复，即是归纳和演绎循环往复的过程，也是螺旋式上升的过程。

具体到软件架构，就是道和术都不能偏废，一方面需要不断实践，在实践中深究原理；一方面要把实践的东西抽象、总结出来，形成方法论。但在实际中，为什么很多人热衷于术，而不是道呢？因为在短期能看到术的结果，想要看到道的效果却需要长期地修炼，必须到了一个顿悟的拐点，才能发出惊人的能量。

除了从"知"和"行"的角度去看待，还可以从"问题"和"答案"的角度去看待。术偏重"答案"，是工具，是锤子；道偏重"问题"，是钉子。可能是拿着锤子去找钉子，也可能是遇到钉子再去想找个锤子或造个锤子。

最后总结一下两者的关系，如表 2-1 所示。

表 2-1 道与术的辩证关系

术	道
外部招式	内功心法
行（实践）	知（理论）
答案	问题

接下来，本书的第二部分会讲术，第 3、第 4 部分讲道，重点放在这两个部分。

第 2 部分　计算机功底

无论我们做基础架构，还是中间件、大数据、业务架构，计算机功底都是必不可少的一个方面。并且往往越是专家，越注重功底；越是底层架构，对计算机的功底要求越深。

对于一个上层系统开发者来讲，熟悉操作系统、网络、数据库的原理，并不是为了要成为操作系统专家、网络专家、数据库专家，而是有下面几方面的作用：

1）做上层开发时，可以很清楚哪些机制是底层的系统并且已经帮我们做了，而哪些机制底层不支持，需要自己去实现。比如使用数据库，在什么情况下数据库的锁已经被加好了，不需要程序加锁；又在什么情况下需要应用程序自己显性地在代码中加锁。再比如多线程写同一个文件，是操作系统天然地可以支持，还是需要通过应用程序加锁来实现。

2）熟悉原理，再去看上层的各种框架、中间件，会更容易理解是如何实现的，有哪些潜在的问题，在使用过程中可能存在什么问题。

3）最重要的是借鉴大师的思维。工作久了你会发现，那些工作中最厉害的屠龙之术其实在大学的教科书上早就已经讲过了。只不过当时你功力尚浅，不能理解教科书上那些晦涩的理论。当经历了足够多的系统实战后，你才会慢慢发现，原来精髓的东西都在教科书上，前辈大师们很多年以前就已经讲过了。比如 TCP 如何在一个"不可靠"的通信网络上实现一个"可靠"的通道，比如数据库如何利用 Write-ahead Log 解决 I/O 问题，利用 Checksum 保证日志完整性，利用 MVCC（CopyOnWrite）解决高并发问题。这些思维方式是通用的，底层系统需要，做上层系统同样需要，因为这是"大道"。

功底如此重要，但本书不是要把大学的教科书再重复一遍，而是基于实践，力求用通俗的语言把常用的、涉及计算机功底的东西整合起来。

第 **3** 章 | 语言

3.1　层出不穷的编程语言

对于计算机相关专业的学生来说，接触的第一门语言通常是 C；其他专业的学生，首先接触到的可能是 Fortran、Visual Basic 或 PHP。在职业生涯发展的过程中，因为工作原因陆陆续续接触到其他的语言。

编程语言实在太多了，并且往往与市场行情密切相关：

- 在 Windows 领域，有微软的 C#，还有早年的 Visual C++；
- 在网站领域，大量使用 LAMP 架构，其中的语言是 PHP；
- 网页游戏火的时候，FLASH 跟着火；
- iPhone 起来了，Object C 跟着火，现在又有了 Swift；
- Android 起来了，Java 继续跟着火，现在又有了 Kotlin；
- AI、机器学习起来了，学习 Python 的人越来越多；
- 基于 Java 的完善生态体系和 JVM 虚拟机的跨平台性，Java 以外的各种 JVM 虚拟机语言也是丰富多彩，如 Scala、Groovy、JRuby；
- 在追求性能的编程领域，Go、Rust 也在一点点地蚕食 C 和 C++的份额；
- ……

语言如此之多，各大公司或者开源组织也在不断地推陈出新，要么在以前的语言上不断增加新功能，要么发明新语言。

作为一个开发者，如何面对语言的不断更新迭代？是要不断地追求潮流，还是无论形势如何变化，我自岿然不动？

3.2　精通一门语言

俗话说：千招会不如一招熟。会一千种语言，每种语言都只学个半吊子，不如精通一门语言。

首先，几乎所有的现代高级编程语言都有一些典型的共同特征，例如：

- 都有一个基本数据类型的集合（比如 Java 是 8 种基本数据类型）；
- 都有类型转换、类型推断、类型安全方面的机制；
- 都是顺序、选择、循环三种语句类型；
- 都有类、对象、封装、继承、多态（如果是面向对象的）；
- 都有一个常用数据结构的库（数组、栈、队列、链表、Hash）；
- 都有一个常用的 I/O 库；
- 都有一个常用的线程库（协程库）；

......

精通一门语言，也就很容易举一反三，学习另外一门。

此外，语言背后都对应着相应的实现原理。这些原理上的差异也对应了为什么有些语言适合某些特定的业务场景。要精通一门语言，需要去不断地探究背后的实现原理。

- 学习 Java，除了会用 Java 的各种库，对 JVM 的原理、类加载机制、锁的实现、线程的原理、I/O 原理都需要很好地理解；
- 学习 C++，需要懂得对象的内存布局、编译器和链接器内部是如何工作的；
- 学习 PHP，需要懂得 PHP 的解释器是如何工作的，里面的线程是如何实现的；

......

同样，这个问题的列表也是无限的长，需要长期不断地探究和积累。

在精通一门语言的同时，再触类旁通其他语言，这样对语言环节就会有深刻而全面的理解。

第 **4** 章 | 操作系统

对于开发者来说，I/O 是绕不过去的一个基本问题。从文件 I/O 到网络 I/O，存在着各式各样的概念和 I/O 模型，所以这里首先把涉及 I/O 的各种概念和原理厘清。

4.1 缓冲 I/O 和直接 I/O

表 4-1 列出了缓冲 I/O 与直接 I/O 对应的 API 接口列表，缓冲 I/O 是 C 语言提供的库函数，均以 f 打头；直接 I/O 是 Linux 的系统 API，但因为操作系统的 API 也是用 C 语言编写的，所以导致开发者往往无法区分这两类 I/O，但在原理上实际差异很大。

表 4-1　缓冲 I/O 与直接 I/O 对应的 API 接口列表

类　　型	对应 API 接口
缓冲 I/O	C 语言的库函数： fopen，fclose，fseek，fflush fread，fwrite，fprintf，fscanf ......
直接 I/O	Linux 系统 API： open，close，lseek，fsync read，write pread，pwrite

图 4-1 展示了缓冲 I/O 与直接 I/O 的原理对比，先解释几个关键概念：

应用程序内存：是通常写代码用 malloc/free、new/delete 等分配出来的内存。

用户缓冲区：C 语言的 FILE 结构体里面的 buffer。FILE 结构体的定义如下，可以看到里面有定义的 buffer：

```
typedef struct
{
 short level ;
 short token ;
 short bsize ;
```

```
char fd ;
unsigned flags ;
unsigned char hold ;
unsigned char *buffer ;
unsigned char * curp ;
unsigned istemp;
}FILE ;
```

内核缓冲区：Linux 操作系统的 Page Cache。为了加快磁盘的 I/O，Linux 系统会把磁盘上的数据以 Page 为单位缓存在操作系统的内存里，这里的 Page 是 Linux 系统定义的一个逻辑概念，一个 Page 一般为 4K。

对于缓冲 I/O，一个读操作会有 3 次数据拷贝，一个写操作，有反向的 3 次数据拷贝：

读：磁盘→内核缓冲区→用户缓冲区→应用程序内存；

写：应用程序内存→用户缓冲区→内核缓冲区→磁盘。

对于直接 I/O，一个读操作，会有 2 次数据拷贝，一个写操作，有反向的 2 次数据拷贝：

读：磁盘→内核缓冲区→应用程序内存；

写：应用程序内存→内核缓冲区→磁盘。

所以，所谓的"直接 I/O"，其中直接的意思是指没有用户级的缓冲，但操作系统本身的缓冲还是有的，两者的原理对比如图 4-1 所示。

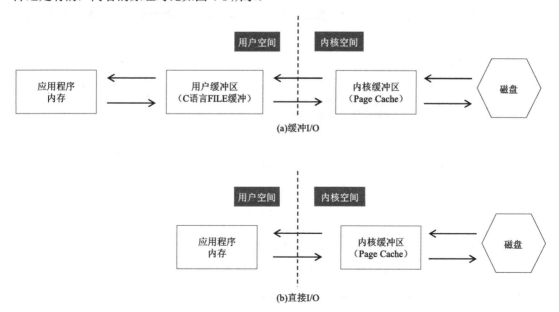

图 4-1　缓冲 I/O 与直接 I/O 的原理对比

关于缓冲 I/O 和直接 I/O，有几点需要特别说明：

1）fflush 和 fsync 的区别。fflush 是缓冲 I/O 中的一个 API，它只是把数据从用户缓冲区刷到内核缓冲区而已，fsync 则是把数据从内核缓冲区刷到磁盘里。

这意味着无论缓冲 I/O，还是直接 I/O，如果在写数据之后不调用 fsync，此时系统断电重启，最新的部分数据会丢失，因为数据只是在内核缓冲区里面，操作系统还没来得及刷到磁盘。后面讲数据库、数据一致性，会反复提到这个 fsync 函数。

2）对于直接 I/O，也有 read/write 和 pread/pwrite 两组不同的 API。pread/pwrite 在多线程读写同一个文件的时候很有用。关于这两组 API 更为详细的区别，读者可以查阅相关资料，此处不再进一步展开。

4.2 内存映射文件与零拷贝

4.2.1 内存映射文件

相比于直接 I/O，内存映射文件往前更进了一步。如图 4-2 所示，当用户空间不再有物理内存，直接拿应用程序的逻辑内存地址映射到 Linux 操作系统的内核缓冲区，应用程序虽然读写的是自己的内存，但这个内存只是一个"逻辑地址"，实际读写的是内核缓冲区！

数据拷贝次数从缓冲 I/O 的 3 次，到直接 I/O 的 2 次，再到内存映射文件，变成了 1 次。

读：磁盘→内核缓冲区；

写：内核缓冲区→磁盘。

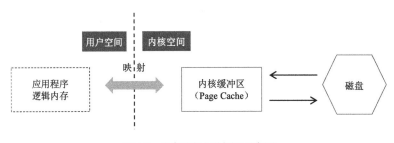

图 4-2　内存映射文件原理示意图

在 Linux 系统中，内存映射文件对应的系统 API 是：

```
void* mmap(void* start,size_t length,int prot,int flags,int fd,off_t offset);
```

在 Java 中，用 MappedByteBuffer 类可以实现同样的目的。

4.2.2 零拷贝

零拷贝（Zero Copy）是提升 I/O 效率的又一利器，熟悉 Kafka 实现原理的工程师应该知道，在消费消息的时候利用了零拷贝技术。当用户需要把文件中的数据发送到网络的时候，如果不用零拷贝，来看怎么实现。

实现方法 1：利用直接 I/O，伪代码如下：

```
fd1 = 打开的文件描述符
fd2 = 打开的 socket 描述符
buffer = 应用程序内存
read(fd1, buffer…)    //先把数据从文件中读出来
write(fd2,buffer…)    //再通过网络发出去
```

如图 4-3 所示，整个过程会有 4 次数据拷贝，读进来 2 次，写回去又 2 次。

磁盘→内核缓冲区→应用程序内存→Socket 缓冲区→网络。

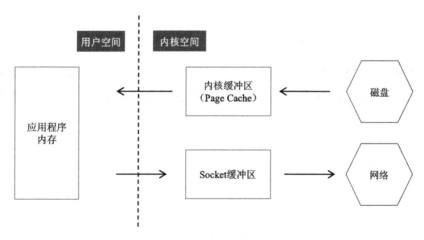

图 4-3 直接 I/O 实现文件的网络发送示意图

实现方法 2：利用内存映射文件，伪代码如下：

```
fd1 = 打开的文件描述符
fd2 = 打开的 socket 描述符
buffer = 应用程序内存
mmap(fd1, buffer…)    //先把磁盘数据映射到 buffer 上
write(fd2,buffer…)    //再通过网络发出去
```

如图 4-4 所示，整个过程会有 3 次数据拷贝，不再经过应用程序内存，直接在内核空间中从内核缓冲区拷贝到 Socket 缓冲区。

但如果用零拷贝，可能连内核缓冲区到 Socket 缓冲区的拷贝也省略了。如图 4-5 所示，在

内核缓冲区和 Socket 缓冲区之间并没有做数据拷贝，只是一个地址的映射，底层的网卡驱动程序要读取数据并发送到网络的时候，看似读的是 Socket 缓冲区的数据，但实际上直接读的是内核缓冲区中的数据。

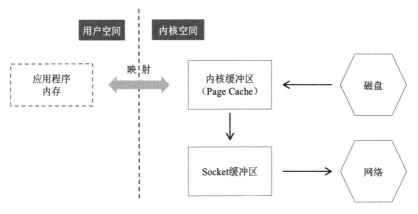

图 4-4　内存映射实现文件的网络发送示意图

⚠️ **注意**：在这里需要分清"映射"和"拷贝"的区别。拷贝是把数据从一块内存中复制到另外一块内存里；映射相当于只是持有了数据的一个引用（或者叫地址），数据本身只有 1 份。

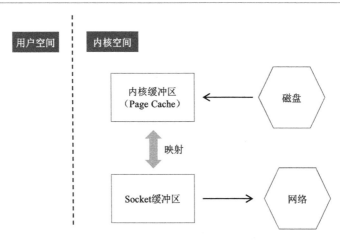

图 4-5　零拷贝示意图

在这里，我们看到虽然叫零拷贝，实际是 2 次数据拷贝，1 次是从磁盘到内核缓冲区，1次是从内核缓冲区到网络。之所以叫零拷贝，是从内存的角度来看的，数据在内存中没有发生过数据拷贝，只在内存和 I/O 之间传输。

最后总结一下，对于把文件数据发送到网络的这个场景，直接 I/O、内存映射文件、零拷贝对应的数据拷贝次数分别是 4 次、3 次、2 次，内存拷贝次数分别是 2 次、1 次、0 次。

在 Linux 系统中，零拷贝的系统 API 为：

```
sendfile(int out_fd, int in_fd, off_t *offset, size_t count)
```

其中，out_fd 传入的是 socket 描述符，in_fd 传入的是文件描述符。

在 Java 中，对应的是：

```
FileChannel.transferTo(long position, long count, WritableByteChannel target)
```

4.3　网络 I/O 模型

网络 I/O 模型存在诸多概念，有的是操作系统层面的，有的是应用框架层面的，这些概念往往容易混淆，本章将对网络 I/O 模型进行一次系统的梳理。在高并发部分，将把底层和上层放在一起，对"异步化"做全面的探讨。

4.3.1　实现层面的网络 I/O 模型

说到网络 I/O 模型，大家往往会混淆阻塞和非阻塞、同步和异步这两对概念，最常见的概念混淆有三个：

- 认为非阻塞 I/O（Non-Blocking IO）和异步 I/O（asynchronous IO）是同一个概念。
- 认为 Linux 系统下的 select、poll、epoll 这类 I/O 多路复用是"异步 I/O"。
- 存在一种 I/O 模型，叫"异步阻塞 I/O"（实际没有这种模型）。

之所以会有这些概念被混淆，往往是因为大家在谈论这些概念的时候语境不一样，有的可能说的是 Linux 操作系统层面的模型，有的说的是 Java 的 JDK 层面的模型，有的说的是上层框架封装的模型（比如 Netty、Nginx、C++的 asio）。

下面要讲的网络 I/O 模型，主要是"Linux 系统"的语境，主要的参考文献来自两部著作 *Advanced Programming in the UNIX Environment* 和 *UNIX® Network Programming Volume*。

第一种模型：同步阻塞 I/O。

这种很简单，就是 Linux 系统的 read 和 write 函数，在调用的时候会被阻塞，直到数据读取完成，或者写入成功。

第二种模型：同步非阻塞 I/O。

和同步阻塞 I/O 的 API 是一样的，只是打开 fd 的时候带有 O_NONBLOCK 参数。于是，当调用 read 和 write 函数的时候，如果没有准备好数据，会立即返回，不会阻塞，然后让应用程序不断地去轮询。

第三种模型：I/O 多路复用（IO Multiplexing）。

前面两种 I/O 都只能用于简单的客户端开发。但对于服务器程序来说，需要处理很多的 fd（连接数可以达几十万甚至百万）。如果使用同步阻塞 I/O，要处理这么多的 fd 需要开非常多的线程，每个线程处理一个 fd；如果用同步非阻塞 I/O，要应用程序轮询这么大规模的 fd。这两种办法都不行，所以就有了 I/O 多路复用。

在 Linux 系统中，有三种 I/O 多路复用的办法：select、poll、epoll，它们的原理有一定差异，后面会专门分析。这里先以 select 为例介绍其用法：

```
int select(int maxfdp1, fd_set *readfds, fd_set *writefds, fd_set *exceptfds, …)
```

该函数是阻塞调用，一次性把所有的 fd 传进去，当有 fd 可读或者可写之后，该函数会返回，返回结果也在这个函数的参数里面，告知应用程序哪些 fd 上面可读或者可写，然后下一步应用程序调用 read 和 write 函数进行数据读写。

I/O 多路复用是现在 Linux 系统上最成熟的网络 I/O 模型，在三种方式中，epoll 的效率最高，所以目前主流的网络模型都是 epoll。

第四种模型：异步 I/O。

熟悉 Windows 系统开发的人会知道 Windows 系统的 IOCP，这是一种真正意义上的异步 I/O。所谓异步 I/O，是指读写都是由操作系统完成的，然后通过回调函数或者某种其他通信机制通知应用程序。

这样说可能还不太容易理解，下面看一个异步 I/O 的例子：C++中的 asio 网络库。asio 是一个跨平台的 C++网络库，也是 boost 的一部分，在 Linux 系统上封装的是 epoll，在 Windows 系统上封装的是 IOCP。asio 的接口是完全异步的，如下面的样例代码所示：

```
asio::async_read(socket_,
asio::buffer(read_msg_.data(), chat_message::header_length),
boost::bind(&chat_session::handle_read_header, shared_from_this(),
        asio::placeholders::error));
asio::async_write(socket_,
asio::buffer(write_msgs_.front().data(), write_msgs_.front().length()),
boost::bind(&chat_session::handle_write, shared_from_this(),
        asio::placeholders::error));
```

async_read/async_write 函数传进去的参数主要是三个：

- socket。
- 应用程序的 buffer。
- 回调函数。在上面的代码中，分别是 chat_session 这个类的两个成员函数 handle_read_header/handle_write。

应用程序调用了这两个函数后都会立即返回，由 asio 库内部进行 I/O 读写。读写完成后通过传入的回调函数通知应用程序，读写已经完成。

当然，asio 是一个上层框架层的"异步 I/O"，或者说是模拟出来的"异步 I/O"，在 Linux 系统上还是由 epoll 实现的。举这个例子主要是想说明所谓"异步"，就是读写由底层完成（操作系统或者框架），读写完成之后，以某种方式通知应用程序。

在 Linux 系统上，也有异步 I/O 的实现，就是 aio。但由于 aio 并不成熟，所以现在主要还是用 epoll。

介绍完 4 种 I/O 模型之后，下面对阻塞和非阻塞、同步和异步做一个总结，如表 4-2 所示。

表 4-2 网络 I/O 模型

分 类	I/O 模型	具体实现
同步 I/O	同步阻塞 I/O	阻塞式的 read 和 write 函数调用
	同步非阻塞 I/O	以 O_NONBLOCK 参数打开 fd，然后执行 Read 和 write 函数调用
	I/O 多路复用（同步阻塞）	Linux 系统下的三种 I/O 多路复用实现方式： （1）select （2）poll （3）epoll （4）Java 的 NIO
异步 I/O	异步 I/O	（1）Windows 上的 IOCP （2）C++ Boost asio 库（框架模拟出来的异步 I/O） （3）Linux aio

1）阻塞和非阻塞是从函数调用角度来说的，而同步和异步是从"读写是谁完成的"角度来说的。

阻塞：如果读写没有就绪或者读写没有完成，则该函数一直等待。

非阻塞：函数立即返回，然后让应用程序轮询。

同步：读写由应用程序完成。

异步：读写由操作系统完成，完成之后，回调或者事件通知应用程序。

2）按照这个定义可以知道，异步 I/O 一定是非阻塞 I/O，不存在既是异步 I/O，又是阻塞的；同步 I/O 可能是阻塞的，也可能是非阻塞的。归类后共有三种：同步阻塞 I/O、同步非阻塞 I/O、异步 I/O。

3）I/O 多路复用（select、poll、epoll）都是同步 I/O，因为 read 和 write 函数操作都是应用程序完成的，同时也是阻塞 I/O，因为 select、read、write 的调用都是阻塞的。

除了上面的四种 I/O 模型，还经常会听到"事件驱动"一词。这个词在不同的语境中有不同的意思。比如 Nginx 中所讲的"事件驱动"，其实是 Nginx 封装的一个逻辑概念，在操作系统层面是基于 epoll 或者 select 来实现的。

所以，当讲网络 I/O 模型的时候，一定要注意讲的是操作系统层面的 I/O 模型，还是上层的网络框架封装出来的 I/O 模型（比如 asio，又比如 Java 的 NIO，在 Linux 平台上，底层也是基于 epoll）。

另外，对于"异步 I/O"一词，在操作系统的语境和在上层应用的语境中，往往指代不一样。在操作系统的语境里，异步 I/O 是指 IOCP 或者 aio 这种真正的异步，epoll 不被认为是异步 I/O；但在上层应用的语境里，异步 I/O 往往指的是 JavaJDK 或网络框架（Netty）封装出来的概念，底层实现可能是 epoll，也可能是真正的异步 I/O。

所以在本书后续的章节中提到的"异步 I/O"，主要指应用层面的语境（底层可能是 epoll，也可能是真正的异步 I/O）。

在高并发章节，会把"异步"一词扩展到其他领域，从而对"异步"进行更深入的探讨。

4.3.2 Reactor 模式与 Proactor 模式

除了上文所说的四种网络 I/O 模型，大家还会经常听到 Reactor 模式和 Proactor 模式。它们是网络框架的两种设计模式，无论操作系统的网络 I/O 模型的设计，还是上层网络框架的网络 I/O 模型的设计，用的都是这两种设计模式之一。

（1）**Reactor 模式**。主动模式。所谓主动，是指应用程序不断地轮询，询问操作系统或者网络框架、I/O 是否就绪。Linux 系统下的 select、poll、epoll 就属于主动模式，需要应用程序中有一个循环一直轮询；Java 中的 NIO 也属于这种模式。在这种模式下，实际的 I/O 操作还是应用程序执行的。

（2）**Proactor 模式**。被动模式。应用程序把 read 和 write 函数操作全部交给操作系统或者网络框架，实际的 I/O 操作由操作系统或网络框架完成，之后再回调应用程序。asio 库就是典型的 Proactor 模式。

所以，上文提到的应用层面的语境中所说的"异步 I/O"是 Proactor 模式。

4.3.3 select、epoll 的 LT 与 ET

因为 epoll 是 Linux 服务器开发的主流网络 I/O 模型，Java NIO 在 Linux 平台中也是基于 epoll 实现的，下面对 epoll 连同 select、poll 进行介绍。

1. select

```
int select (int maxfdp1, fd_set *readfds, fd_set *writefds, fd_set *exceptfds,
struct timeval *timeout);
```

关于此函数，有几点说明：

1）因为 fd 是一个 int 值，所以 fd_set 其实是一个 bit 数组，每 1 位表示一个 fd 是否有读事件或者写事件发生。

2）第一个参数是 readfds 或者 writefds 的下标的最大值 +1。因为 fd 从 0 开始，+1 才表示个数。

3）返回结果还在 readfds 和 writefds 里面，操作系统会重置所有的 bit 位，告知应用程序到底哪个 fd 上面有事件，应用程序需要自己从 0 到 maxfds-1 遍历所有的 fd，然后执行相应的 read/write 操作。

4）每次当 select 调用返回后，在下一次调用之前，要重新维护 readfds 和 writefds。

2. poll

```
int poll (struct pollfd *fds, unsigned int nfds, int timeout);
struct pollfd
{
    int fd;
    short events;          //每个 fd，两个 bit 数组，一个进去，一个出来的
  short revents;
}
```

通过看上面的函数会发现，select、poll 每次调用都需要应用程序把 fd 的数组传进去，这个 fd 的数组每次都要在用户态和内核态之间传递，影响效率。为此，epoll 设计了"逻辑上的 epfd"。epfd 是一个数字，把 fd 数组关联到上面，然后每次向内核传递的是 epfd 这个数字。

3. epoll

```
//创建一个 epoll 的句柄，size 用来告诉内核监听的数目一共有多少。其中的 size 并不要求是准确
//数字，只是告诉内核，计划监听多少个 fd。实际通过 epoll_ctl 添加的 fd 数目可能大于这个值。
int epoll_create(int size);
//将一个 fd 增/删/改到 epfd 里，对应的事件也即读/写
int epoll_ctl(int epfd, int op, int fd, struct epoll_event *event);
//其中的 maxevents 也是可以自定义的。假如有 100 个 fd，而 maxevents 只设置为 64，则其他 fd
//上面的事件会在下次调用 epoll_wait 时返回
int epoll_wait(int epfd, struct epoll_event * events, int maxevents, int timeout);
```

整个 epoll 的过程分成三个步骤：

（1）**事件注册。**通过函数 epoll_ctl 实现。对于服务器而言，是 accept、read、write 三种事件；对于客户端而言，是 connect、read、write 三种事件。

（2）**轮询这三个事件是否就绪。**通过函数 epoll_wait 实现。有事件发生，该函数返回。

（3）**事件就绪，执行实际的 I/O 操作。**通过函数 accept/read/write 实现。

这里要特别解释一下什么是"事件就绪"：

1）read 事件就绪：这个很好理解，是远程有新数据来了，socket 读取缓存区里有数据，需要调用 read 函数处理。

2）write 事件就绪：是指本地的 socket 写缓冲区是否可写。如果写缓冲区没有满，则一直是可写的，write 事件一直是就绪的，可以调用 write 函数。只有当遇到发送大文件的场景，socket 写缓冲区被占满时，write 事件才不是就绪状态。

3）accept 事件就绪：有新的连接进入，需要调用 accept 函数处理。

4．epoll 的 LT 和 ET 模式

epoll 里面有两种模式：LT（水平触发）和 ET（边缘触发）。水平触发又称条件触发，边缘触发又称状态触发。

水平触发：读缓冲区只要不为空，就会一直触发读事件；写缓冲区只要不满，就会一直触发写事件。

边缘触发：读缓冲区的状态，从空转为非空的时候触发一次；写缓冲区的状态，从满转为非满的时候触发一次。比如用户发送一个大文件，把写缓存区塞满了，之后缓存区可以写了，就会发生一次从满到不满的切换。

关于 LT 和 ET，有两个要注意的问题：

1）对于 LT 模式，要避免"写的死循环"问题：写缓冲区为满的概率很小，即"写的条件"会一直满足，所以当用户注册了写事件却没有数据要写时，它会一直触发，因此在 LT 模式下写完数据一定要取消写事件。

2）对于 ET 模式，要避免"short read"问题：例如用户收到 100 个字节，它触发 1 次，但用户只读到了 50 个字节，剩下的 50 个字节不读，它也不会再次触发。因此在 ET 模式下，一定要把"读缓冲区"的数据一次性读完。

在实际开发中，大家一般都倾向于用 LT，这也是默认的模式，Java NIO 用的也是 epoll 的 LT 模式。因为 ET 容易漏事件，一次触发如果没有处理好，就没有第二次机会了。虽然 LT 重复触发可能有少许的性能损耗，但代码写起来更安全。

4.3.4　服务器编程的 1+N+M 模型

在服务器的编程中，epoll 编程的三个步骤是由不同的线程负责的，即服务器编程的 1+N+M 模型。

如图 4-6 所示，整个服务器有 1+N+M 个线程，一个监听线程，N 个 I/O 线程，M 个 Worker 线程。N 的个数通常等于 CPU 核数，M 的个数根据上层决定，通常有几百个。

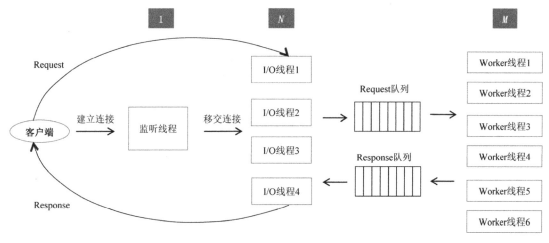

图 4-6 服务器编程的 1+N+M 模型

（1）**监听线程**。负责 accept 事件的注册和处理。和每一个新进来的客户端建立 socket 连接，然后把 socket 连接移交给 I/O 线程，完成任务，继续监听新的客户端；

（2）**I/O 线程**。负责每个 socket 连接上面 read/write 事件的注册和实际的 socket 的读写。把读到的 Reqeust 放入 Request 队列，交由 Worker 线程处理。

（3）**Worker 线程**。纯粹的业务线程，没有 socket 读写操作。对 Request 队列进行处理，生成 Response 队列，然后写入 Response 队列，由 I/O 线程再回复给客户端。

图 4-6 只是展示了 1+N+M 的一种实现方式，实际上不同系统的实现方式会有一些差异。图 4-7 展示了 Tomcat6 的 NIO 网络模型。

I/O 线程只负责 read/write 事件的注册和监听，执行了 epoll 里面的前两个阶段，第三个阶段是在 Worker 线程里面做的。I/O 线程监听到一个 sokcet 连接上有读事件，于是把 socket 移交给 Worker 线程，Woker 线程读出数据，处理完业务逻辑，直接返回给客户端。之所以可以这么做，是因为 I/O 线程已经检测到读事件就绪，所以当 Worker 线程在读的时候不会等待。I/O 线程和 Worker 线程之间交互，不再需要一来一回两个队列，直接是一个 socket 集合。有兴趣的读者可以参看 Tomcat6 NIO 模块的源代码，对此模型进行更为仔细的分析。

对于编写服务器程序，无论用 epoll，还是 Java NIO，或者基于 Netty 等网络框架，大体都是按照 1+N+M 的思路来做。另外，在实际的系统中，这里的 M 可能又会按业务职责分成几组不同的线程，就变成了 1+N+M1+M2+……的模型。

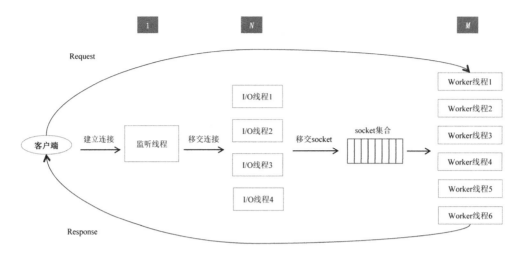

图 4-7　Tomcat6 的 NIO 网络模型

4.4　进程、线程和协程

用 Java 的人通常写的是"单进程多线程"的程序；而用 C++的人，可能写的是"单进程多线程""多进程单线程""多进程多线程"的程序（这里主要指 Linux 系统上的服务器程序）。之所以会有这样的差异，是因为 Java 程序并不直接运行在 Linux 系统上，而是运行在 JVM 之上。而一个 JVM 实例是一个 Linux 进程，每一个 JVM 都是一个独立的"沙盒"，JVM 之间相互独立，互不通信。所以 Java 程序只能在这一个进程里面，开多个线程实现并发。而 C++直接运行在 Linux 系统上，可以直接利用 Linux 系统提供的强大的进程间通信机制（IPC），很容易创建多个进程，并实现进程间的通信。

"多进程多线程"是"单进程多线程"和"多进程单线程"的组合体，其原理并没有差异，所以接下来只讨论"单进程多线程"和"多进程单线程"两种编程模型，对比"多进程"和"多线程"的关键差异。

1. 为什么要多线程

对于客户端程序，有 UI 交互界面，多线程不可避免，这类程序不在讨论之列。本节主要讨论的是服务器端的程序。

这里所说的"多"线程，是指运行几百个业务线程的服务器程序。如果是 4 核 CPU，运行 4 个线程，本质上仍是单线程。之所以要开多线程，是因为服务器端的程序往往是 I/O 密集型的应用。举个极端的例子，假设程序没有任何 I/O（磁盘 I/O 或网络 I/O），纯粹的 CPU 计算，如同一个最简单的、空的死循环，只需要一个线程就可以把一个 CPU 的核占满。

所以，多线程主要是为了应对 I/O 密集型的应用。多线程能带来两方面的好处：

（1）**提高 CPU 利用率。**通俗地讲，不能让 CPU 空闲着。当一个线程发生 I/O 时，会把该线程从 CPU 上调度下来，并把其他的线程调度上去，继续计算。

（2）**提高 I/O 吞吐。**典型的场景是，应用程序连接的 Redis 或者 MySQL，它们提供的都是同步接口，一次只能处理一个请求。要想并发，办法是通过连接池和多线程，实现每个线程使用一个连接。好比在客户端和服务器之间开了多条通道，并行传输数据。

除了多线程，线程间的同步机制也非常复杂，在此只列举线程间常用的同步机制：

- 锁（悲观锁、乐观锁、互斥锁、读写锁、自旋锁、公平锁、非公平锁等）。
- Wait 与 Signal。
- Condition。

无论 C++开发者在 Linux 系统中使用的 pthread，还是 Java 开发者使用的 JUC 库，都有这些基本机制。基于这些基本机制，又可以封装出各式各样的、便于应用层使用的同步机制，比如信号量、Future、线程池，还可以封装出各式各样的线程安全的数据结构，比如阻塞队列、并发 HashMap 等。

2. 多进程

既然多线程可以实现并发，那为什么要设计多进程呢？因为多线程存在两个问题，一是线程间内存共享，要加线程锁；而加锁后会导致并发效率下降，同时复杂的加锁机制也将增加编码的难度；二是过多的线程造成线程间的上下文切换，导致效率低下。

在并发编程领域，一直有一个很重要的设计原则："不要通过共享内存来实现通信，而应通过通信实现共享内存。"这句话不太好理解，换成通俗一点的说法就是："尽可能通过消息通信，而不是共享内存来实现进程或者线程之间的同步。"

进程是资源分配的基本单位，进程间不共享资源，通过管道或者 Socket 方式通信（当然也可以共享内存），这种通信方式天生符合上面的并发设计原则。而对于多线程，大家习惯于共享内存，然后通过加各种锁来实现同步。虽然在多线程领域也有这种思想的实现，比如 Akka 框架，但流行程度仍然不够。

除锁的问题之外，多进程还带来另外两个好处：一是减少了多线程在不同的 CPU 核间切换的开销；另外，多进程相互独立，意味着其中一个崩溃后，其他进程可以继续运行，这对程序的可靠性很有帮助。

多进程模型的典型例子是 Nginx。Nginx 有一个 Master 进程，N 个 Worker 进程，每个 Worker 进程对应一个 CPU 核，每个进程都是单线程的。Master 进程不接收请求，负责管理功能；各个 Worker 进程间相互独立，并行地接收客户端的请求，也不需要像多线程那样在不同的 CPU 核间切换。

有了多进程之后，在每个进程内部，可能是单线程，也可能是多线程，这往往取决于 I/O。

比如 Redis 就是单进程单线程的模型（这里说的单线程模型，不是指整个 Redis 服务器只有一个线程，而是指接收并处理客户端请求的线程只有一个）。之所以单线程可以支持，是因为在请求接收的地方用的是 epoll 的 I/O 多路复用，在请求处理的地方又完全是内存操作，没有磁盘或者网络 I/O，所以只需单线程就足够了。要利用多核也很简单，开多个 Redis 实例就可以了。

但对于 I/O 密集型的应用，要提高 I/O 效率，则需要下面几种办法：

（1）异步 I/O。 如果客户端、服务器都是自己写的，比如 RPC 调用，则可以把所有的 I/O 都异步化（利用 epoll 或者真正的异步 I/O）。异步化之后，请求可以 Pipeline 处理，就不需要多线程了。但像 MySQL 的 JDBC 提供的都是同步接口，不支持 I/O 异步。

（2）多线程。 I/O 不支持异步，就只能开多个线程，每个线程都是同步地调用 I/O，实际上是用多线程模拟了异步 I/O。典型例子是 Web 应用服务器调用 Redis 或 MySQL。

（3）多协程。

3. 多协程

多线程除锁的问题之外，还有一个问题是线程太多，切换的开销很大。虽然线程切换的开销比进程切换的开销小很多，但还是不够。以常用的 Tomcat 服务器为例，在通常配置的机器上最多也只能开几百个线程。如果再多，则线程切换的开销太大，并发效率反而会下降，这意味着 Tomcat 最多只能并发地处理几百个请求。但如果是协程的话，可以开几万个！协程相比线程，有两个关键特点：

- 更好地利用 CPU：线程的调度是由操作系统完成的，应用程序干预不了，协程可以由应用程序自己调度。
- 更好地利用内存：协程的堆栈大小不是固定的，用多少申请多少，内存利用率更高。

现代的编程语言像 Go、Rust，原生就有协程的支持，但偏传统的 Java、C++等语言没有原生支持。因此，产生一些第三方的方案，比如 Java 的 Quasar Fiber、微信团队为 C++研发的 libco 等，但普及程度还比较低，开发者还是习惯多线程的开发模型。

最后，表 4-3 总结了多线程、多进程和多协程编程模型的对比。

表 4-3　多线程、多进程和多协程编程模型的对比

编程模型	优　势	不　足
多线程	方法成熟，功能强大，在操作系统、框架、语言层面都有很好支持	• 线程同步的锁，不仅影响并发效率，也加大了编码复杂度 • 线程数太多，线程切换开销太大（比如 Tomcat 应用服务器就只能开几百个线程）

编程模型	优　势	不　足
多进程	避免了锁的问题，符合"不要通过共享内存来实现通信，而应通过通信来实现共享内存"的并发设计原则，进程间相互独立运行，并发效率高	• 需要操作系统提供强大的 IPC 机制，像 Java 一类的虚拟机语言就支持不了 • 需要有异步 I/O，否则还要在多进程基础上再开多线程。因为进程切换的开销比线程更大，进程数量更少，通常都和 CPU 核数是一个数量级
多协程	• 单机可以开几万个协程，比线程并发度更高 • 堆栈大小不固定，内存利用率更高	不够成熟，Java、C++这些传统语言原生不支持，普及程度还不够

4.5　无锁（内存屏障与 CAS）

虽然多线程的编程模型功能强大，应用也很普及，但始终绕不开锁的问题。为了提升锁的效率，前辈大师们想了诸多办法，在多线程中设计了无锁数据结构。下面就来探讨一下无锁数据结构及其背后的原理。

4.5.1　内存屏障

下面是 Linux 内核的 kfifo.c 的源代码的一部分。这是一个 RingBuffer，允许一个线程写、一个线程读，整个代码没有任何的加锁，也没有 CAS（Compare And Set），但线程是安全的，这是如何做到的？

```
//入队(插入数据到 Ringbuffer)
unsigned int __kfifo_in(struct __kfifo *fifo,
        const void *buf, unsigned int len)
{
    unsigned int l;
    l = kfifo_unused(fifo);
    if (len > l)
        len = l;
    kfifo_copy_in(fifo, buf, len, fifo->in);
    // kfifo_copy_in 函数的最后一行，也就是此处插入的 store barrier 屏障
    fifo->in += len;
    return len;
}
static void kfifo_copy_in(struct __kfifo *fifo, const void *src,
        unsigned int len, unsigned int off)
{
    unsigned int size = fifo->mask + 1;
    unsigned int esize = fifo->esize;
```

```
    unsigned int l;
    off &= fifo->mask;
    if (esize != 1) {
        off *= esize;
        size *= esize;
        len *= esize;
    }
    l = min(len, size - off);
    memcpy(fifo->data + off, src, l);
    memcpy(fifo->data, src + l, len - l);

    //关键点：插入了一个 store barrier。从而保证先插入数据，再更新指针 in
    smp_wmb();
}

//出队（从 Ringbuffer 取出数据）
unsigned int __kfifo_out(struct __kfifo *fifo,
        void *buf, unsigned int len)
{
    len = __kfifo_out_peek(fifo, buf, len);
    //__kfifo_out_peek 函数内部的最后一行，也就是此处插入的 store barrier 屏障
    fifo->out += len;
    return len;
}
unsigned int __kfifo_out_peek(struct __kfifo *fifo,
        void *buf, unsigned int len)
{
    unsigned int l;
    l = fifo->in - fifo->out;
    if (len > l)
        len = l;
    kfifo_copy_out(fifo, buf, len, fifo->out);
    return len;
}
static void kfifo_copy_out(struct __kfifo *fifo, void *dst,
        unsigned int len, unsigned int off)
{
    unsigned int size = fifo->mask + 1;
    unsigned int esize = fifo->esize;
    unsigned int l;
    off &= fifo->mask;
    if (esize != 1) {
        off *= esize;
        size *= esize;
```

```
        len *= esize;
    }
    l = min(len, size - off);
    memcpy(dst, fifo->data + off, l);
    memcpy(dst + l, fifo->data, len - l);
    //关键点：插入了一个 store barrier。从而保证先出对，再更新指针 out
    smp_wmb();
}
```

先说结论，要实现这种完全的无锁，有两个核心点：

- 读可以多线程，写必须单线程，也称为 Single-Writer Principle。如果是多线程写，则做不到无锁。

- 在上面的基础上，使用了内存屏障。也就是 smp_wmb() 调用。从用法来讲，内存屏障是在两行代码之间插入一个栅栏，如下所示：

代码第 1 行

代码第 2 行

......

代码第 3 行

代码第 4 行

在第 2 行代码和第 3 行代码之间插入一个内存屏障，这样前两行代码就不会跑到后两行代码的后面去执行。虽然第 1 行、第 2 行之间可能被重排序；第 3 行、第 4 行可能被重排序，但第 1 行、第 2 行不会跑到第 3 行的后面去。

所谓"重排序"，通俗地讲，就是 CPU 不会按照开发者写的代码顺序来执行！有人会问这样一来代码逻辑不是全乱了吗？为什么会有重排序，此处不再展开讨论，这又是一个很深的话题，不在本书的讨论范围之内。

回到上面的 kfifo，它有两个指针 fifo->in 和 fifo->out，分别对应队列的头部和尾部，写的线程操作 fifo->in，读的线程操作 fifo->out，通过 fifo->in 和 fifo->out 的比较，就知道队列是空还是满。在这里，内存屏障起到两个作用：

- 一个线程改了 fifo->in 或者 fifo->out 之后，另外一个线程要立即可见。另外一个线程去读取这个值时，必须要能得到最新的值。有人可能会问，为什么会出现读不到最新的值？因为在多核 CPU 体系下，每个 CPU 有自己的缓存！改过的这个值可能还在 CPU 的缓存里，没有刷新到内存里。内存屏障就是要强制把这个值刷新到内存里面。

- 要保证先操作数据，先执行 memcpy 操作，后修改 fifo->in 或者 fifo->out 的值。为此，在 memcpy 和修改 fifo->in/fifo->out 之间插入了内存屏障。

基于内存屏障，有了 Java 中的 volatile 关键字，再加上单线程写的原则，就有了 Java 中的无锁并发框架——Disruptor，其核心就是"一写多读，完全无锁"。有兴趣的读者，可以参看其源码，进一步分析其设计技巧。

4.5.2 CAS

如果是多线程写，则内存屏障也不够用了，这时要用到 CAS。CAS 是在 CPU 层面提供的一个硬件原子指令，实现对同一个值的 Compare 和 Set 两个操作的原子化。

下面展示了 JDK6 中，CAS 函数的源代码，unsafe 类的 compareAndSwapInt 是一个本地方法。

```
public final boolean compareAndSet(int expect, int update) {
    return unsafe.compareAndSwapInt(this, valueOffset, expect, update);
}
public final native boolean compareAndSwapInt(Object o, long offset,int
expected,int x);
```

在不同的 JDK 版本中，不同操作系统上面，该本地方法的实现有差异，此处不再进一步展开。

基于 CAS，上层可以实现乐观锁、无锁队列、无锁栈、无锁链表。乐观锁会在后面讲述数据库的"丢失更新"问题时详细阐释。

无锁队列是一个比较深入的话题，有不少的论文和文章都讨论过无锁队列的实现问题。例如 M.M. Michael 和 M.L. Scott 发表的论文 *Simple, Fast, and Practical Non-Blocking and Blocking Concurrent Queue Algorithms*。

另外，JDK 的 JUC 源码中也有无锁队列的实现：基于单向链表，维护一头一尾两个引用：head 和 tail。入队，就在队列的尾部追加节点，多个线程通过 CAS 互斥的操作 tail；出队，就是移除队列的头部节点，多个线程通过 CAS 互斥的操作 head。

至于无锁链表，比无锁队列的实现就更复杂。因为无锁队列只是操作头和尾，而无锁链表可以操作中间节点，有线程要插入节点，有线程要删除节点，要安全地实现并发并非易事。有兴趣的读者可以参考 Timothy L. Harris 发表的论文 *A pragmatic implementation of non-blocking linked lists*，具体细节本书不再展开。

第5章 网络

网络协议有很多种，但对互联网来说，用得最多的就是 HTTP 协议。HTTP 主要有 1.0、1.1、2 三个版本，在 HTTP 之上有 HTTPS。

1996 年，HTTP 1.0 协议规范 RFC 1945 发布；

1999 年，HTTP 1.1 协议规范 RFC 2616 发布。

2015 年，HTTP/2 协议规范 RFC 7540/7541 发布。

HTTP/2 还比较新，目前远没有达到普及的程度。在过去的近 20 年间，主流的协议一直是 HTTP 1.1。接下来将对 HTTP 协议的发展脉络进行梳理。

5.1 HTTP 1.0

5.1.1 HTTP 1.0 的问题

HTTP 协议的基本特点是"一来一回"。什么意思呢？客户端发起一个 TCP 连接，在连接上面发一个 HTTP Request 到服务器，服务器返回一个 HTTP Response，然后连接关闭。每来一个请求，就要开一个连接，请求完了，连接关闭。

这样的协议有两个问题：

(1)性能问题。 连接的建立、关闭都是耗时操作。对于一个网页来说，除了页面本身的 HTML 请求，页面里面的 JS、CSS、img 资源，都是一个个的 HTTP 请求。现在的互联网上的页面，一个页面上有几十个资源文件是很常见的事。每来一个请求就开一个 TCP 连接是非常耗时的。虽然可以同时开多个连接，并发地发送请求，但连接数毕竟是有限的。

(2)服务器推送问题。 不支持"一来多回"，服务器无法在客户端没有请求的情况下主动向客户端推送消息。但很多的应用恰恰都需要服务器在某些事件完成后主动通知客户端。

针对这两个问题，来看 HTTP 在发展过程中是怎么解决的。

5.1.2 Keep-Alive 机制与 Content-Length 属性

为了解决上面提及的第一个问题，HTTP 1.0 设计了一个 Keep-Alive 机制来实现 TCP 连接的复用。具体来说，就是客户端在 HTTP 请求的头部加上一个字段 Connection: Keep-Alive。服务器收到带有这样字段的请求，在处理完请求之后不会关闭连接，同时在 HTTP 的 Response 里面也会加上该字段，然后等待客户端在该连接上发送下一个请求。

当然，这会给服务器带来一个问题：连接数有限。如果每个连接都不关闭的话，一段时间之后，服务器的连接数就耗光了。因此，服务器会有一个 Keep-Alive timeout 参数，过一段时间之后，如果该连接上没有新的请求进来，则连接就会关闭。

连接复用之后又产生了一个新问题：以前一个连接就只发送一个请求，返回一个响应，服务器处理完毕，把连接关闭，这个时候客户端就知道连接的请求处理结束了。但现在，即使一个请求处理完了，连接也不关闭，那么客户端怎么知道连接处理结束了呢？或者说，客户端怎么知道接收回来的数据包是完整的呢？

答案是在 HTTP Response 的头部，返回了一个 Content-Length: xxx 的字段，这个字段可以告诉客户端 HTTP Response 的 Body 共有多少个字节，客户端接收到这么多个字节之后，就知道响应成功接收完毕。

5.2　HTTP 1.1

5.2.1　连接复用与 Chunk 机制

从上面的分析可以看出，连接复用非常有必要，所以到了 HTTP 1.1 之后，就把连接复用变成了一个默认属性。即使不加 Connection:Keep-Alive 属性，服务器也会在请求处理完毕之后不关闭连接。除非在请求头部显示地加上 Connection:Close 属性，服务器才会在请求处理完毕之后主动关闭连接。

在 HTTP 1.0 里面可以利用 Content-Length 字段，让客户端判断一个请求的响应成功是否接收完毕。但 Content-Length 有个问题，如果服务器返回的数据是动态语言生成的内容，则要计算 Content-Length，这点对服务器来说比较困难。即使能够计算，也需要服务器在内存中渲染出整个页面，然后计算长度，非常耗时。

为此，在 HTTP 1.1 中引入了 Chunk 机制（Http Streaming）。具体来说，就是在响应的头部加上 Transfer-Encoding: chunked 属性，其目的是告诉客户端，响应的 Body 是分成了一块块的，块与块之间有间隔符，所有块的结尾也有个特殊标记。这样，即使没有 Content-Length 字段，也能方便客户端判断出响应的末尾。

下面显示了一个简单的具有 Chunk 机制的 HTTP 响应，头部没有 Content-Length 字段，而是 Transfer-Encoding:chunked 字段。该响应包含了 4 个 chunk，数字 25（16 进制）表示第一个 chunk 的字节数，1C（16 进制）表示第二个 chunk 的字节数……最后的数字 0 表示整个响应的末尾。

```
HTTP/1.1 200 OK
Content-Type: text/plain
Transfer-Encoding: chunked
25
This is the data in the first chunk
1C
and this is the second one
3
con
8
sequence
0
```

5.2.2 Pipeline 与 Head-of-line Blocking 问题

有了"连接复用"之后，减少了建立连接、关闭连接的开销。但还存在一个问题，在同一个连接上，请求是串行的，客户端发送一个请求，收到响应，然后发送下一个请求，再收到响应。这种串行的方式，导致并发度不够。

为此，HTTP 1.1 引入了 Pipeline 机制。在同一个 TCP 连接上面，可以在一个请求发出去之后、响应没有回来之前，就可以发送下一个、再下一个请求，这样就提高了在同一个 TCP 连接上面的处理请求的效率。如图 5-1 所示，展示了在同一个 TCP 连接上面，串行和 Pipeline 的对比。

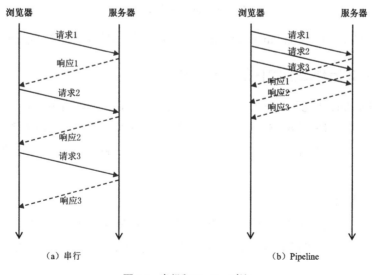

图 5-1　串行和 Pipeline 对比

从图中可以明显看出，Pipeline 提高了请求的处理效率。但 Pipeline 有个致命问题，就是 Head-of-Line Blocking 翻译成中文叫作"队头阻塞"。什么意思呢？

客户端发送的请求顺序是 1、2、3，虽然服务器是并发处理的，但客户端接收响应的顺序必须是 1、2、3，如此才能把响应和请求成功配对，跟队列一样，先进先出。一旦队列头部请求 1 发生延迟，客户端迟迟收不到请求 1 的响应，则请求 2、请求 3 的响应也会被阻塞，如图 5-2 所示。如果请求 2、请求 3 不和请求 1 在一个 TCP 连接上面，而是在其他的 TCP 连接上面发出去的话，说不定响应早返回了，现在因为请求 1 处理得慢，也影响了请求 2、请求 3。

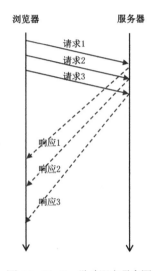

图 5-2　Pipeline 队头阻塞示意图

也正因为如此，为了避免 Pipeline 带来的副作用，很多浏览器默认把 Pipeline 关闭了。

5.2.3　HTTP/2 出现之前的性能提升方法

一方面，Pipeline 不能用，在同一个 TCP 连接上面，请求是串行的；另一方面，对于同一个域名，浏览器限制只能开 6～8 个连接。但一个网页可能要发几十个 HTTP 请求，却只有 6～8 个连接可用。如何提高并发度，或者说提高网页渲染的性能呢？为此，无数的前辈们想了各式各样的办法：

1．Spriting 技术

这种技术专门针对小图片，假设在一个网页里，要从服务器加载很多的小图片（比如各种小图标），可以在服务器里把小图片拼成一张大图，到了浏览器，再通过 JS 或者 CSS，从大图中截取一小块显示。

之前要发送很多个小图片的 HTTP 请求，现在只要发送一个请求就可以了。

2. 内联（Inlining）

内联是另外一种针对小图片的技术，它将图片的原始数据嵌入在 CSS 文件里面，如下所示：

```
.icon1 {
    background: url(data:image/png;base64,<data>) no-repeat;
}
.icon2 {
    background: url(data:image/png;base64,<data>) no-repeat;
}
```

3. JS 拼接

把大量小的 JS 文件合并成一个文件并压缩（前端开发工具很容易实现），让浏览器在一个请求里面下载完。

4. 请求的分片技术

前面说了，对于一个域名，浏览器会限制只能开 6～8 个连接。对于网站的开发者来说，要提高页面的加载速度，其中的一个方法就是多做几个域名，这就相当于绕开了浏览器的限制。

尤其是现在 CDN 用得非常广泛，网站的静态资源（img, js, css）可能都在 CDN 上面，可以做一批 CDN 的域名，这样浏览器就可以为每个域名都建立 6～8 个连接，从而提高页面加载的并发度。

5.2.4 "一来多回"问题

对于 Web 来说，无论 HTTP 1.0，还是 HTTP1.1，都无法直接做到服务器主动推送，但实际又有很多这样的需求存在，应该怎么解决呢？下面列举了几种方法：

1. 客户端定期轮询

比如客户端每 5s 向服务器发送一个 HTTP 请求，服务器如果有新消息，就返回。
定期轮询的方式既低效，又增加了服务器的压力，现在已经很少采用。

2. FlashSocket/WebSocket

不再是 HTTP，而是直接基于 TCP，但也有一定的局限性，此处不再展开。

3. HTTP 长轮询

客户端发送一个 HTTP 请求，如果服务器有新消息，就立即返回；如果没有，则服务器夯住此连接，客户端一直等该请求返回。然后过一个约定的时间之后，如果服务器还没有新消息，服务器就返回一个空消息（客户端和服务器约定好的一个消息）。客户端收到空消息之后关闭连接，再发起一个新的连接，重复此过程。

这就相当于变相地用 HTTP 实现了 TCP 的长连接效果，这也是目前 Web 最常用的服务器端推送方法。

4．HTTP Streaming

如上面所说，服务器端利用 Transfer-Encodeing:chunked 机制，发送一个"没完没了"的 chunk 流，就一个连接，但其 Response 永远接收不完。

与长轮询的差异在于，这里只有一个 HTTP 请求，不存在 HTTP Header 不断重复的问题，但实现时没有长轮询简单直接。

5.2.5　断点续传

相比于 HTTP 1.0，HTTP 1.1 还有一个很实用的特性是"断点续传"。当客户端从服务器下载文件时，如果下载到一半连接中断了，再新建连接之后，客户端可以从上次断的地方继续下载。具体实现也很简单，客户端一边下载一边记录下载的数据量大小，一旦连接中断了，重新建立连接之后，在请求的头部加上 Range: first offset - last offset 字段，指定从某个 offset 下载到某个 offset，服务器就可以只返回（first offset, last offset）之间的数据。

这里要补充说明，HTTP 1.1 的这种特性只适用于断点下载。要实现断点上传，就需要自行实现了。

5.3　HTTP/2

因为 HTTP1.1 的 Pipeline 不够完善，Web 开发者们想出了各种方法去提高 HTTP 1.1 的效率。但这些方法都是从应用层面去解决的，没有普适性，因此有人想到在协议层面去解决这问题，而这正是 Google 公司的 SPDY 协议的初衷。

SPDY 是 Google 公司开发的一个实验性协议，于 2009 年年中发布。2012 年，该协议得到了 Chrome、Firefox 和 Opera 的支持，越来越多的大型网站（如 Google、Twitter、Facebook）和小型网站开始在其基础设施内部署 SPDY。观察到这一趋势后，HTTP 工作组将这一工作提上议事日程，吸取 SPDY 的经验和教训，并在此基础上制定了 HTTP/2 协议。

从此可以看出，HTTP/2 在一开始就有很好的业界实践基础。而之所以叫 HTTP/2，没有叫 HTTP 2.0，也是因为工作组认为该协议已经很完善，后面不会再有小版本。如果要有的话，下一个版本就是 HTTP/3。因此，在 HTTP/2 标准出来之后，Google 也弃用了 SPDY，全面转向 HTTP/2。接下来看 HTTP/2 有哪些关键特性。

5.3.1 与 HTTP 1.1 的兼容

既然 HTTP 1.1 已经成了当今互联网的主流，因此 HTTP/2 在设计过程中，首先要考虑的就是和 HTTP 1.1 的兼容问题，所谓兼容，意味着：

- 不能改变 http://、https://这样的 URL 范式。
- 不能改变 HTTP Request/Http Response 的报文结构。HTTP 协议是一来一回，一个 Request 对应一个 Response，并且 Reqeust 和 Response 的结构有明确的规定。

如何能做到在不改变 Reqeust/Response 报文结构的情况下，发明出一个新的 HTTP/2 协议呢？这点正是理解 HTTP/2 协议的关键所在。

如图 5-3 所示，HTTP/2 和 HTTP1.1 并不是处于平级的位置，而是处在 HTTP1.1 和 TCP 之间。以前 HTTP 1.1 直接构建在 TCP 之上；现在相当于在 HTTP 1.1 和 TCP 之间多了一个转换层，这个转换层就是 SPDY，也就是现在的 HTTP/2。

图 5-3 HTTP/2（SPDY）在网络分层模型中所处的位置

5.3.2 二进制分帧

二进制分帧是 HTTP/2 为了解决 HTTP 1.1 的"队头阻塞"问题所设计的核心特性，是图 5-3 中所示转换层所做的核心工作。

HTTP 1.1 本身是明文的字符格式，所谓的二进制分帧，是指在把这个字符格式的报文给 TCP 之前转换成二进制，并且分成多个帧（多个数据块）来发送。

如图 5-4 所示，对于每一个域名，在浏览器和服务器之间，只维护一条 TCP 连接。因为 TCP 是全双工的，即来回两个通道。

这里的请求 1、2、3，响应 1、2、3 是 HTTP 1.1 的明文字符报文。每个请求在发送之前被转换成二进制，然后分成多个帧发送；每个响应在回复之前，也被转成了二进制，然后分成多个帧发送。如图 5-4 中所示，请求 1 被分成了 F1、F2、F3 三个帧；请求 2 被分成了 F4、F5 两个帧；请求 3 被分成了 F6、F7 两个帧；F1~F7 是被乱序地发送出去的，到了服务器端被重新组装。同理，响应 1、2、3 也是同样的过程。

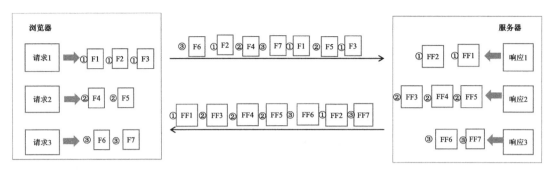

图 5-4　HTTP/2 二进制分帧示意图

这里有一个关键问题：请求和响应都是被打散后分成多个帧乱序地发出去的，请求和响应都需要重新组装起来，同时请求和响应还要一一配对。那么组装和配对应如何实现呢？原理也很简单，每个请求和响应实际上组成了一个逻辑上的"流"，为每条流分配一个流 ID，把这个 ID 作为标签，打到每一个帧上。在图 5-4 中，有三条流、三个流 ID，分别打到三条流里面每一个帧上。

有了这个二进制分帧之后，在 TCP 层面，虽然是串行的；但从 HTTP 层面来看，请求就是并发地发出去、并发地接收的，没有了 HTTP 1.1 的 Pipeline 的限制，请求和响应的时序如图 5-5 所示。请求 1、2、3 虽然是按顺序发出去的，但响应 1、2、3 可以乱序地返回。

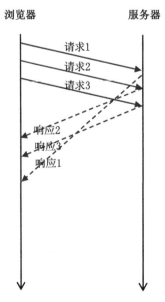

图 5-5　HTTP/2 请求和响应时序

有了二进制分帧，是不是就彻底解决了 Pipeline 的"队头阻塞"问题呢？其实还没有。只是把"队头阻塞"问题从 HTTP Request 粒度细化到了"帧"粒度。

只要用 TCP 协议，就绕不开"队头阻塞"问题，因为 TCP 协议是先进先出的！如图 5-5 所示，如果帧 F3（队头的第一个帧）在网络上被阻塞了（或者丢包了），则服务器会一直等 F3，如果 F3 不来，后面的包都不会成功被接收。反向队头的 FF1 也是同样的道理。

当然，虽然 HTTP/2 的二进制分帧没有完全解决队头阻塞问题，但降低了其发生的可能性，为什么这么说呢？下面具体分析一下：

前面说到请求 1 的响应 1 迟迟不能回来，原因可能有两种：

原因 1：服务器对请求 1 处理得慢；

原因 2：服务器对请求 1 处理得很及时，但网络传输慢了。

对于原因 2，如果刚好请求 1 的第一个帧又处在队头，则即使二进制分帧也解决不了队头阻塞问题；但对于原因 1，请求 2、请求 3 的响应分帧之后，是先于请求 1 的响应发出去的，那么请求 2 和请求 3 的响应就不会被请求 1 阻塞，从而就避免了队头阻塞问题。

同时，在 HTTP/2 里面，还可以指定每个流的优先级，当资源有限的时候，服务器根据流的优先级来决定，应该先发送哪些流。从而避免那些高优先级的请求被低优先级的请求阻塞。

如果要彻底解决"队头阻塞"问题，需要怎么做呢？不用 TCP！这正是 Google 公司的 QUIC 协议要做的事情。接下来，在对 TCP 和 UDP 进行讨论之后，专门来分析 QUIC 协议。

5.3.3　头部压缩

除了二进制分帧，HTTP/2 另外一个提升效率的方法是头部压缩。在 HTTP 1.1 里，对于报文的报文体，已经有相应的压缩，尤其对于图片，本来就是压缩过的；但对于报文的头部，一直没有做过压缩。

随着互联网的发展，应用场景越来越复杂，很多时候报文的头部也变得很大，这时对头部做压缩就变得很有必要。为此，HTTP/2 专门设计了一个 HPACK 协议和对应的算法。

为解决 HTTP 1.1 的效率问题，除引入的这两个关键特性之外，HTTP/2 还有一些其他特性，比如服务器推送、流重置等，此处不再一一叙述。

5.4　SSL/TLS

在介绍 HTTPS 之前，需要先深入探讨 SSL/TLS，因为 HTTPS 是构建在这个基础之上的。

5.4.1　背景

SSL/TLS 的历史几乎和互联网历史一样长：SSL（Secure Sockets Layer）的中文名称为安全

套接层，TLS（Transport Layer Security）的中文名称为传输层安全协议。

1994 年，网景（NetScape）公司设计了 SSL 1.0；

1995 年，网景公司发布 SSL 2.0，但很快发现存在严重漏洞；

1996 年，SSL 3.0 问世，得到大规模应用；

1999 年，互联网标准化组织 IETF 对 SSL 进行标准化，发布了 TLS 1.0；

2006 年和 2008 年，TLS 进行了两次升级，分别为 TLS 1.1 和 TLS 1.2。

所以，TLS 1.0 相当于 SSL 3.1；TLS 1.1、TLS 1.2 相当于 SSL 3.2、SSL3.3。在应用层里，习惯将两者并称为 SSL/TLS。

如图 5-6 所示，SSL/TLS 处在 TCP 层的上面，它不仅可以支撑 HTTP 协议，也能支撑 FTP、IMAP 等其他各种应用层的协议。

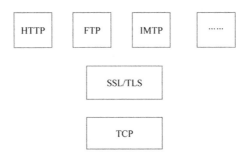

图 5-6　SSL/TLS 在整个网络分层中的位置

接下来从最基础的对称加密讲起，一步步分析 SSL/TLS 背后的原理和协议本身。

5.4.2　对称加密的问题

对称加密的想法很简单，如图 5-7 所示。客户端和服务器知道同一个密钥，客户端给服务器发消息时，客户端用此密钥加密，服务器用此密钥解密；反过来，服务器给客户端发消息时，是相反的过程。

图 5-7　对称加密示意图

这种加密方式在互联网上有两个问题：

- 密钥如何传输？密钥 A 的传输也需要另外一个密钥 B，密钥 B 的传输又需要密钥 C……

如此循环，无解。

- 如何存储密钥？对于浏览器的网页来说，都是明文的，肯定存储不了密钥；对于 Android/iOS 客户端，即使能把密钥藏在安装包的某个位置，也很容易被破解。

当然，这两个问题其实是一个问题。因为如果解决了密钥的传输问题，就可以在建立好连接之后获取到密钥，然后只存在内存中，当连接断开之后，密钥在内存中就被销毁了，也就解决了存储问题。

5.4.3　双向非对称加密

如图 5-8 所示，客户端为自己准备一对公私钥（PubA，PriA），服务器为自己准备一对公私钥（PubB，PriB）。公私钥有个关键特性：公钥 PubA 是通过私钥 PriA 计算出来的，但反过来不行，不能根据 PubA 推算出 PriA！对于公私钥之间的数学关系，此处就不再展开讨论。

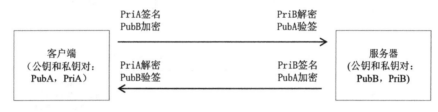

图 5-8　双向非对称加密

客户端、服务器把自己的公钥公开出去，自己保留私钥。这样一来客户端就知道了服务器的公钥，服务器也知道了客户端的公钥。

当客户端给服务器发送信息时，就用自己的私钥 PriA 签名，再用服务器的公钥 PubB 加密。所谓的"签名"，相当于自己盖了章，或者说签了字，证明这个信息是客户端发送的，客户端不能抵赖；用服务器的公钥 PubB 加密，意味着只有服务器 B 可以用自己的私钥 PriB 解密。即使这个信息被 C 截获了，C 没有 B 的私钥，也无法解密这个信息。

服务器收到信息后，先用自己的私钥 PriB 解密，再用客户端的公钥验签（证明信息是客户端发出的）。反向过程同理：服务器给客户端发送信息时，先用自己的私钥 PriB 签名，然后用 PubA 加密；客户端接收到服务器的信息后，先用自己的私钥 PriA 解密，再用服务器的公钥 PubB 验签。

在这个过程中，存在着签名和验签与加密和解密两个过程：

（1）签名和验签。私钥签名，公钥验签，目的是防篡改。如果第三方截取到信息之后篡改，则接收方验签肯定过不了。同时也防抵赖，既然没有人可篡改，只可能是发送方自己发出的。

（2）加密和解密。公钥加密，私钥解密。目的是防止信息被第三方拦截和偷听。第三方即便能截获到信息，但如果没有私钥，也解密不了。

在双向非对称加密中，客户端需要提前知道服务器的公钥，服务器需要知道客户端的公钥，和对称加密一样，同样面临公钥如何传输的问题。

在继续探讨之前，先看一下单向非对称加密。

5.4.4　单向非对称加密

在互联网上，网站对外是完全公开的，网站的提供者没有办法去验证每个客户端的合法性；只有客户端可以验证网站的合法性。比如用户访问百度或者淘宝的网站，需要验证所访问的是不是真的百度或者淘宝网，防止被钓鱼。

在这种情况下，客户端并不需要公钥和私钥对，只有服务器有一对公钥和私钥。如图 5-9 所示，客户端没有公钥和私钥对，只有服务器有。服务器把公钥给到客户端，客户端给服务器发送消息时，用公钥加密，然后服务器用私钥解密。反过来，服务器给客户端发送的消息，采用明文发送。

图 5-9　单向非对称加密

当然，对于安全性要求很高的场景，比如银行的个人网银，不仅客户端要验证服务器的合法性，服务器也要验证每个访问的客户端的合法性。对于这种场景，往往会给用户发一个 U 盘，里面装的就是客户端一方的公钥和私钥对，用的是上面的双向非对称加密。

对于单向非对称加密，只有客户端到服务器的单向传输是加密的，服务器的返回是明文方式，这怎么能保证安全呢？接着往下看。

假设 PubB 的传输过程是安全的，客户端知道了服务器的公钥。客户端就可以利用加密通道给服务器发送一个对称加密的密钥，如图 5-10 所示。

客户端对服务器说："Hi，我们的对称加密密钥是 xxx，接下来就用这个密钥通信。"这句话是通过 PubB 加密的，所以只有服务器能用自己的 PriB 解密。然后服务器回复一句明文："好的，我知道了。"虽然是明文，但没有任何密钥信息在里面，所以采用明文也没有关系。接下来，双方就可以基于对称加密的密钥进行通信了，这个密钥在内存里面，不会落地存储，所以也不存在被盗取的问题，而这就是 SSL/TLS 的原型。

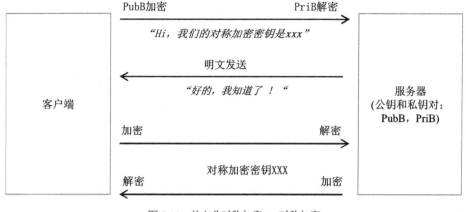

图 5-10　单向非对称加密 + 对称加密

5.4.5　中间人攻击

通过上面的分析可以发现，我们并不需要双向的非对称加密，而用单向的非对称加密就能达到传输的目的。

但无论双向还是单向，都存在着公钥如何安全传输的问题。下面就以一个典型的"中间人攻击"的案例为例，来看一下这个问题是如何被解决的。

如图 5-11 所示，本来客户端和服务器要交换公钥，各自把自己的公钥发给对方。但被中间人劫持了，劫持过程如下：

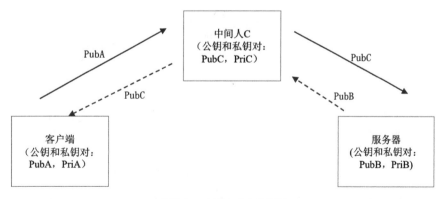

图 5-11　中间人攻击示意图

客户端本来是要把自己的公钥发给服务器："Hi，我是客户端 1，我的公钥是 PubA。"

被中间人 C 劫持之后，C 用自己的公钥替换客户端的公钥，然后发给服务器："Hi，我是客户端 1，我的公钥是 PubC。"

反过来，服务器本来是要把自己的公钥发给客户端："Hi，我是服务器，我的公钥是 PubB。"

被 C 劫持之后，C 用自己的公钥替换服务器的公钥，然后发给客户端："Hi，我是服务器，我的公钥是 PubC。"

最终结果是：客户端和服务器都以为自己是在和对方通信，但其实他们都是在和中间人 C 通信！接下来，客户端发给服务器的信息，会用 PubC 加密，C 当然可以解密这个信息；同样，服务器发给客户端的信息也会被 PubC 加密，C 也可以解密。

这个问题为什么会出现呢？是因为公钥的传输过程是不安全的。客户端和服务器在网络上，互相又没见过对方，又没有根据，怎么知道收到的公钥就是对方发出的，而不是被中间人篡改过的呢？

需要想个办法证明服务器收到的公钥，的确就是客户端发出的，中间没有人可以篡改这个公钥，反过来也是一样。这就是接下来要讲的数字证书。

5.4.6　数字证书与证书认证中心

如图 5-12 所示，引入一个中间机构 CA。当服务器把公钥发给客户端时，不是直接发送公钥，而是发送公钥对应的证书。那么证书是怎么来的呢？

从组织上来讲，CA 类似现实中的"公证处"，从技术上讲，就是一个服务器。服务器先把自己的公钥 PubB 发给 CA，CA 给服务器颁发一个数字证书（Certificate），这个证书相当于服务器的身份证。之后，服务器把证书给客户端，客户端可以验证证书是否为服务器下发的。

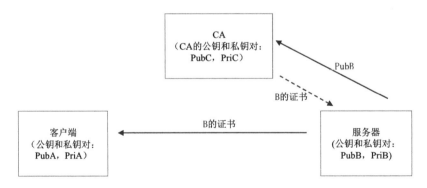

图 5-12　服务器用自己的公钥 PubB 通过 CA 换取证书

反过来也同理，如图 5-13 所示，客户端用自己的公钥 PubA 通过 CA 换取一个证书，相当于客户端的身份证，客户端把这个证书发给服务器，服务器就能验证整个证书是否为客户端下发的。

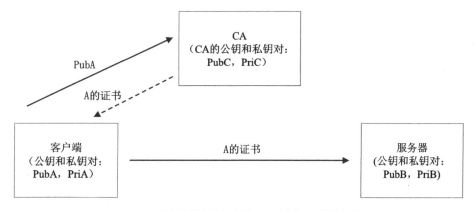

图 5-13　客户端用自己的公钥 PubA 通过 CA 换取证书

当然，对于通常的互联网应用，只需要客户端验证服务器，不需要服务器验证客户端，所以只需要图 5-12 的过程。

具体的验证过程是怎么操作的呢？

CA 有一对公钥和私钥对，私钥只有 CA 知道，公钥在网络上，谁都可以知道。服务器把个人信息 + 服务器的公钥发给 CA，CA 用自己的私钥为服务器生成一个数字证书。通俗地讲，服务器把自己的公钥发给 CA，让 CA 加盖公章，之后别人就不能再伪造公钥了。如果被中间人伪造了，客户端拿着 CA 的公钥去验证这个证书，验证将无法通过。

5.4.7　根证书与 CA 信任链

但又会出现类似鸡生蛋、蛋生鸡的问题，如果让客户端、服务器都信任 CA，但 CA 是个假的怎么办？CA 的公钥如何被安全地在网络上传输？假如是一个假的 CA 在中间，客户端和服务器都和假的 CA 通信，互相还以为是和真正的 CA 通信。

CA 面临和客户端、服务器同样的问题：客户端和服务器需要证明公钥的确是由自己发出去的，不是被伪造的；CA 同样需要证明，自己的公钥是由自己发出去的，不是被伪造的。

答案是给 CA 颁发证书！CA 的证书谁来颁发呢？CA 的上一级 CA。最终形成图 5-14 所示的证书信用链。关于证书信任链，有两点说明：

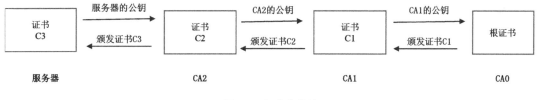

图 5-14　证书信任链

1. 证书信任链的验证过程

客户端要验证服务器的合法性，需要拿着服务器的证书 C3，到 CA2 处去验证（C3 是 CA2 颁发的，验证方法是拿着 CA2 的公钥，去验证证书 C3 的有效性）；

客户端要验证 CA2 的合法性，需要拿着 CA2 的证书 C2，到 CA1 处去验证（C2 是 CA1 颁发的）；

客户端要验证 CA1 的合法性，需要拿着 CA1 的证书 C1，到 CA0 处去验证（C1 是 CA0 颁发的）；

而 CA0 呢，只能无条件信任。怎么做到无条件信任呢？Root CA 机构都是一些世界上公认的机构，在用户的操作系统、浏览器发布的时候，里面就已经嵌入了这些机构的 Root 证书。你信任这个操作系统，信任这个浏览器，也就信任了这些 Root 证书。

2. 证书信任链的颁发过程

颁发过程与验证过程刚好是逆向的，上一级 CA 给下一级 CA 颁发证书。从根 CA（CA0）开始，CA0 给 CA1 颁发证书，CA1 给 CA2 颁发证书，CA2 给应用服务器颁发证书。

最终，证书成为网络上每个通信实体的"身份证"，在网络上传输的都是证书，而不再是原始的那个公钥。把这套体系标准化之后，就是在网络安全领域经常见到的一个词，PKI（Public Key Infrastructure）。

想一想在现实生活中的例子：

- 你出生在一个小镇上，怎么证明你是你呢？
- 镇派出所给你发了个身份证，证明你是你；
- 镇派出所为什么可以被信任呢？因为经过了县公安局授权；
- 县公安局为什么可以被信任呢？因为经过了市公安局授权；

……

一级级回溯，最后，信任的根是什么？根是国家最高机构！

下面用 IE 浏览器访问百度的网站，来看它的数字证书：单击 URL 输入框中最右边锁形的图标，可以看到百度网站的证书路径，如图 5-15 所示：整个证书路径有 3 级，baidu.com 是百度网站的证书，其 CA 机构是一个叫作 Symantec Class 3 Secure Server 的机构，Root CA 叫作 VeriSign。

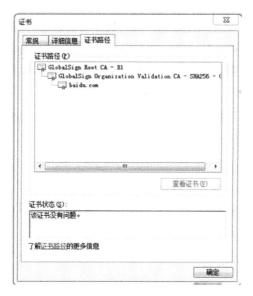

图 5-15　百度网站的证书路径

5.4.8　SSL/TLS 协议：四次握手

到此为止，我们理解了对称加密、非对称加密、证书、根证书等概念后，再来看 SSL/TLS 协议就很简单了，如图 5-16 所示。

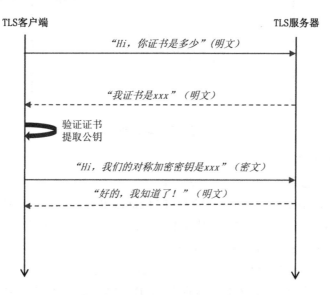

图 5-16　SSL/TLS 四次握手示意图

在建立 TCP 连接之后、数据发送之前，SSL/TLS 协议通过四次握手、两个来回，协商出客户端和服务器之间的对称加密密钥。第一个来回，是公钥的传输与验证过程（通过数字证书）；第二个来回基于第一个来回得到的公钥，协商出对称加密的密钥。接下来，就是正常的应用层数据包的发送操作了。

当然，为了协商出对称加密的密钥，SSL/TLS 协议引入了几个随机数，具体细节不再展开，这里主要讨论 SSL/TLS 的核心思路。

5.5 HTTPS

理解了 SSL/TLS，再来看 HTTPS 就很简单了，HTTPS = HTTP + SSL/TLS。整个 HTTPS 的传输过程大致可以分成三个阶段，如图 5-17 所示。

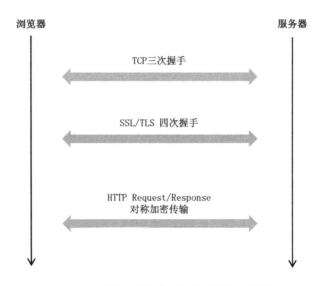

图 5-17 从连接建立到数据开始传输过程示意图

①TCP 连接的建立。

②SSL/TLS 四次握手协商出对称加密的密钥。

③基于密钥，在 TCP 连接上对所有的 HTTP Request/Response 进行加密和解密。

其中阶段①和阶段②只在连接建立时做 1 次，之后只要连接不关闭，每个请求只需要经过阶段③，因此相比 HTTP，性能没有太大损失。

最后，分析一下 HTTP/2 和 HTTPS 的关系：HTTP/2 主要是解决性能问题，HTTPS 主要解决安全问题。从理论上讲，两者没有必然的关系，HTTP/2 可以不依赖于 HTTPS；反过来也如此。把两者同时放在整个网络分层体系中，如图 5-18 所示，中间两层都是可选项。去掉中间的两层，变为 HTTP 1.1；只去掉 HTTP/2 一层，变为 HTTPS；两层都加上，变为 HTTP/2+HTTPS。

　　但在实践层面，目前主流的浏览器都要求如果要支持 HTTP/2 则必须先支持 HTTPS，这也是因为整个互联网都在推动 HTTPS 的普及。

图 5-18　HTTP/2 和 HTTPS 在网络分层中的位置

5.6　TCP/UDP

5.6.1　可靠与不可靠

　　说到 TCP/UDP，众所周知，UDP 是不可靠的，而 TCP 是可靠的。什么是不可靠呢？

　　如图 5-19 所示，客户端发了数据包 1、2、3，这三个数据包经过互联网的传输，到了服务器端，接收到的是 3 和 1。其中发生了两件事情：

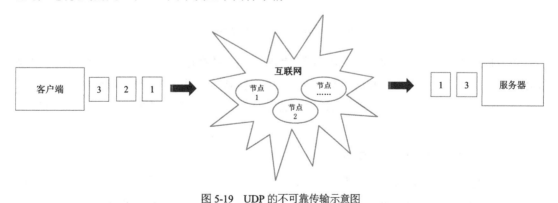

图 5-19　UDP 的不可靠传输示意图

- 丢包：数据包 2 丢失了。

- 时序错乱：客户端先发的是数据包 1，后发的是数据包 3；服务器却先收到了数据包 3，后收到的是数据包 1。

为什么会丢包呢？网络中有成千上万个路由节点，节点发生故障是很正常的事情；为什么时序会错乱呢？三个数据包被发送到网络上，走的是不同的网络链路，谁快谁慢是不确定的，所以后发的可能先到。从这个意义上讲，"不可靠"是常态！

那 TCP 是如何做到"可靠"的呢？先看一下 TCP 的可靠是什么意思。

如图 5-20 所示，客户端连续发送数据包 1、2、3，经过互联网的传输，服务器收到的也是数据包 1、2、3。这种"可靠"传输具有三重语义：

- 数据包不丢。
- 数据包不重。比如服务器不会收到两次数据包 2，有且只会收到一次。
- 时序不乱。

这就相当于在客户端和服务器之间建立了一个"可靠"的管道，数据包按顺序经过这个管道，一个包不丢，一个包也不重。

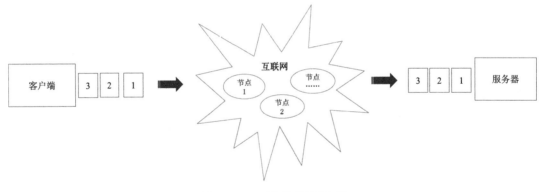

图 5-20　TCP 的可靠传输示意图

但数据包 1、2、3 在网络上走的是不同的路由链路，数据包既可能丢失，到达的先后顺序也不一定正确。那么，客户端和服务器之间通过什么机制可以保证"可靠"地传输这三个语义呢？或者说，如何在一个"不可靠"的网络上实现一个"可靠"的网络通道？而这正是 TCP 的核心所在：

1．解决不丢问题：ACK + 重发

网络丢包是一定会出现的，对上层应用来说，如何确保不丢呢？只有一个办法，重发！服务器每次收到一个包，就要对客户端进行确认，反馈给客户端已经收到了数据包；如果客户端在超时时间内没有收到 ACK，则重发数据。

当客户端发送数据包 1 后，服务器确认，收到数据包 1 了；当客户端发送数据包 2 后，服务器确认，收到数据包 2……这样每个数据包都要一一确认，效率太低了。怎么办呢？客户端对发送的每个数据包编一个号，编号由小到大单调递增，基于编号就能进行顺序的确认。

比如服务器几乎同时收到了数据包 1、2、3，它只用回复客户端（ACK=3），意思是所有小于或等于 3 的数据包都已经收到了；又过了一会，服务器收到了数据包 4、5、6，它只用回复客户端（ACK=6），意思是说所有小于或等于 6 的数据包都收到了。

2．解决不重的问题

因为只要超过了约定时间，客户端还没有收到服务器的确认，客户端就会重发。但可能此时服务器的 ACK 已经在网络上了，只是还没有到达客户端而已。如果客户端重发，则服务器会收到重复消息，就需要判重。

如何判重呢？和已经收到的数据包逐一比对，核实是否有重复？这显然不现实。其实解决方法很简单，就是顺序 ACK。服务器给客户端回复 ACK=6，意思是所有小于或等于 6 的数据包全部收到了，之后凡是再收到这个范围的数据包，则判定为重复的包，服务器收到后丢弃即可。

3．解决时序错乱问题

假设服务器收到了数据包 1、2、3，回复客户端（ACK=3），之后收到了数据包 5、6、7，而数据包 4 迟迟没有收到，这个时候怎么办呢？

服务器会把数据包 5、6、7 暂时存放，直到数据包 4 的到来，再给客户端回复 ACK=7；如果数据包不来，服务器的 ACK 进度会一直停在那（保持 ACK=3），等到客户端超时，会把数据包 4、5、6、7 全部重新发送，这样服务器收到了数据包 4，回复 ACK=7，同时数据包 5、6、7 重复了，通过上面说的判重的办法，丢弃掉数据包 5、6、7。

总之，服务器虽然接收数据包是并发的，但数据包的 ACK 是按照编号从小到大逐一确认的，所以数据包的时序是有保证的。

最终，通过消息顺序编号 + 客户端重发 + 服务器顺序 ACK，实现了客户端到服务器的数据包的不重、不漏、时序不乱；反过来，从服务器到客户端的数据包的发送与接收，用相同的原理来实现，从而实现 TCP 的全双工。

TCP 的这种思想可以说朴素而深刻，分布式系统中消息中间件的消息不重、不漏的实现机制和它有异曲同工之妙。

5.6.2　TCP 的"假"连接（状态机）

可以看到，在物理层面，数据包 1、2、3 走的是不同的网络链路，在客户端和服务器之间并不存在一条可靠的"物理管道"。只是在逻辑层面，通过一定的机制，让 TCP 之上的应用层就像在客户端和服务器之间架起了一个"可靠的连接"。但实际上这个连接是"假"的，是通过数据包的不重、不漏、时序不乱的机制，给上层应用造成的一个"假象"。

具体来说，每条连接用（客户端 IP，客户端 Port，服务器 IP，服务器 Port）4 元组唯一确定，在代码中是一个个的 Socket。其中有一个关键问题要解决，既然"连接"是假的，在物理层面不存在；但在逻辑层面连接是存在的，每条连接都需要经历建立阶段、正常数据传输阶段、关闭阶段，要完整地维护在这三个阶段过程中连接的每种可能的状态。

如表 5-1 所示，每条连接都是一个"状态机"，客户端和服务器都需要针对这条连接维护不同的状态变迁，在不同的状态下执行相应的操作。图 5-21 呈现了一个 TCP 连接在三个阶段经历的 11 种状态变迁。

表 5-1 TCP 连接的状态机

客户端 IP	客户端 Port	服务器 IP	服务器 Port	State
IP1	Port1	IP2	Port2	//11 种状态

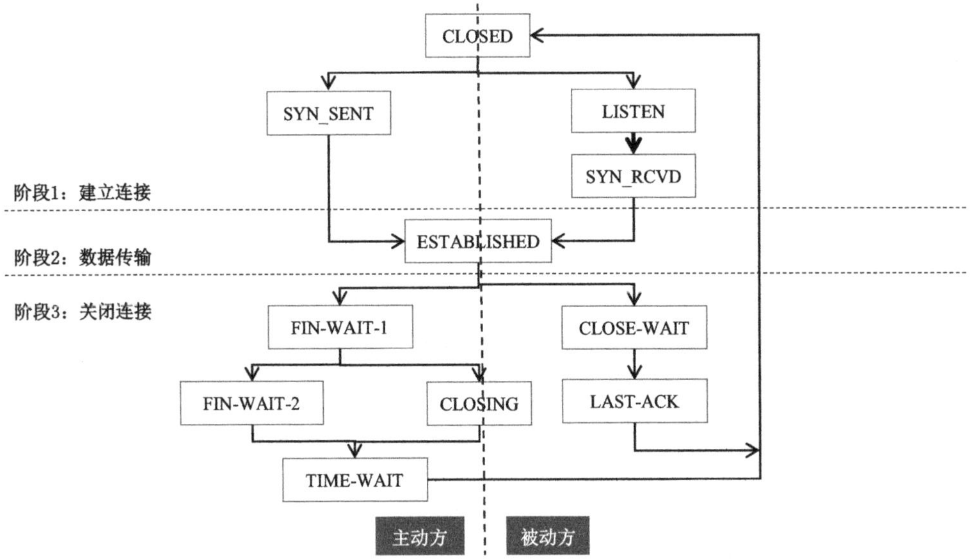

图 5-21 一个 TCP 连接从生到死的完整状态迁移图

从上向下看，整张图分成三个阶段；从左向右看，左半边是主动方的状态，右半边是被动方的状态。对于建立连接来说，都是客户端发起的，所以客户端是主动方，服务器是被动方；但对于关闭连接，既可以由客户端发起关闭，也可以由服务器发起关闭，主动发起的一方就是主动方，另外一方就是被动方。不过通常来说，都是由客户端发起连接、关闭连接，服务器一直处于被动一方。

　　首先，客户端和服务器都处于 CLOSED 状态；连接建立好之后，双方都处于 ESTABLISHED 状态，开始传输数据；最后连接关闭，双方再次回到 CLOSED 状态。为什么开始是处于 ClOSED 状态，而没有一个 INIT（初始）状态呢？因为连接是复用的，每个连接用 4 元组唯一标识，关闭之后，后面又会开启，所以没有必要引入"初始"状态。

　　接下来，将详细探讨每个阶段的状态转移过程。

5.6.3　三次握手（网络 2 将军问题）

　　图 5-22 展示了 TCP 建立连接的三次握手过程，以及对应的客户端和服务器的状态。这里首先有两点要说明：

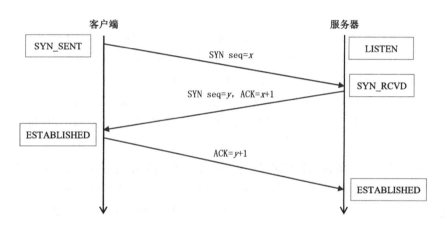

图 5-22　TCP 建立连接的三次握手示意图

- 图中的 ACK 的意思和前之所讲的稍微有些差异：前文中的 ACK=7，表示告诉对方编号小于或等于 7 的包都收到了；这里的 ACK = x+1，表示小于或等于 x 的包都收到了，接下来要接收 x+1。所以，虽然意思相同，但换了一种说法。
- seq = x 表示发出去的包的编号是 x。因为 TCP 是全双工的，通信双方一方面要发送自己的编号的包，一方面要确认对方的包，为了优化传输，会把两个包合在一起传输，所以就有了同一个包里，同时包含有 seq = y，ACK = x+1。表示当前这个包是发出去的第 y 个包，同时也是对对方的第 x 个包的确认（接下来要接收 x+1）

　　从图中可以看出，客户端的状态转移过程是 CLOSED → SYN_SENT → ESTABLISHED；服务器的状态转移过程是 CLOSED →LISTEN → SYN_RCVD → ESTABLISHED。

　　那为什么是三次握手呢？看起来好像两次就够了，我们来分析一下。

客户端："Hi，服务器，我想建立一个连接。"

服务器："好的，可以。"

但问题是，服务器知道"好的，可以"这句话它发出去了，但是客户端是否收到，服务器是不确定的。所以两次不够，需要改成三次，同样的问题，客户端没有办法确认图 5-22 中的最后一次 ACK（第三次）对方是否收到了。

这就是经典的网络的 2 将军问题：无论是两次，还是三次，还是四次……永远都不知道最后发出去的那个数据包对方是否收到了。想要知道最后一次是否收到，只有让对方回复一个 ACK，但回复的这个 ACK 是否收到，只能让对方为这个 ACK 再回复一个 ACK，如此循环往复，问题无解。

网络的 2 将军问题非常关键，在网络通信中几乎是无处不在的，在应用层也存在同样的问题：

客户端给服务器发送了一个 HTTP 请求，或者说客户端向 DB 写入一条记录，然后超时了没有得到响应，请问服务器是写入成功了，还是没有成功呢？答案是不确定的。

场景 1：该请求服务器根本没有收到，发送时网络有问题。

场景 2：该请求服务器收到了，服务器写入成功了，但回复给客户端时，网络有问题。

场景 3：网络没有问题，服务器接收到了请求，写入成功了，但回复给客户端时，服务器宕机了。

无论哪种场景，客户端看到的结果是一样的：它发出的数据没有得到响应。对于客户端来说，只有一个办法，就是再重试，直到服务器返回成功，客户端才能确认请求被成功处理了。

无论是两次握手，还是三次握手、四次握手，都绕不开网络的 2 将军问题，那为什么是三次呢？

因为三次握手恰好可以保证客户端和服务器对自己的发送、接收能力做了一次确认。第一次，客户端给服务器发了 $seq = x$，无法得到对方是否收到；第二次，对方回复了 $seq = y$，ACK $= x+1$。这时客户端知道自己的发送和接收能力没有问题，但服务器只知道自己的接收能力没问题；第三次，客户端发送了 ACK=$y+1$，服务器收到后知道自己第二次发的 ACK 对方收到了，发送能力也没问题。

5.6.4　四次挥手

相比于建立连接的三次握手，关闭连接的四次挥手更加复杂。如图 5-23 所示，假设客户端主动发起关闭连接，客户端的状态转移过程为：ESTABLISHED → FIN_WAIT_1 → FIN_WAIT_2 → TIME_WAIT → CLOSED；服务器的状态转移过程为：ESTABLISHED → CLOSE_WAIT → LAST_ACK → CLOSED。

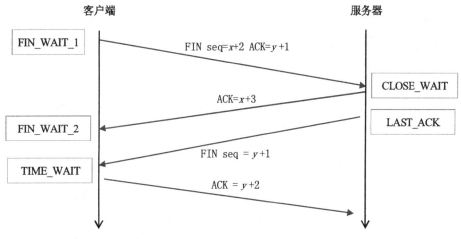

图 5-23　TCP 连接四次挥手示意图

为什么是四次挥手呢？因为 TCP 是全双工的，可以处于 Half-Close 状态。

第一次：客户端对服务器说："Hi，服务器，我要关了。"

第二次：服务器回复："好的，你的信息我收到了。"

第三次：服务器回复："Hi，客户端，我也要关了。"

第四次：客户端回复："好的，你的信息我也收到了。"

如果只发生了第一次和第二次，意味着该连接处于 Half-Close 状态，此时客户端处于 FIN_WIAT_2 状态，服务器处于 CLOSE_WAIT 状态，客户端通往服务器的通道关闭了，但服务器通往客户端的通道还未关闭。等第三次、第四次发生，连接才会处于完全的 CLOSE 状态。

还有一种场景，客户端和服务器同时主动发起了关闭，双方都会处于 FIN_WAIT_1 状态，此时又收到了对方的 ACK，这时双方都会切到 CLOSING 状态，之后一起进入 TIME_WAIT 状态，经过一段时间后进入 CLOSE 状态。

这里有一个问题：关了就关了嘛，为何不直接进入 CLOSE 状态，而要做一个 TIME_WAIT 状态，非要等一段时间之后，才能进入 CLOSE 状态呢？有两个原因：

1）所谓的"连接"是假的，物理层面没有连接。这意味着当双方都进入 CLOSE 状态后，仍可能有数据包还在网络上"闲逛"，此时如果收到了这些闲逛的数据包，丢掉即可，但问题是连接可能重开。

一个连接是由（客户端 IP、客户端 Port、服务器 IP、服务器 Port）4 元组唯一标识的，连接关闭之后再重开，应该是一个新的连接，但用 4 元组无法区分出新连接和老连接。这会导致，之前闲逛的数据包在新连接打开后被当作新的数据包，这样一来，老连接上的数据包会"串"到新连接上面，这是不能接受的。怎么解决这个问题呢？

在整个 TCP/IP 网络上，定义了一个值叫作 MSL（Maximum Segment Lifetime），任何一个 IP 数据包在网络上逗留的最长时间是 MSL，这个值默认是 120s。意味着一个数据包必须最多在 MSL 时间以内，从源点传输到目的地，如果超出了这个时间，中间的路由节点就会把该数据包丢弃。

有了这个限定之后，一个连接保持在 TIME_WAIT 状态，再等待 2×MSL 的时间进入 CLOSE 状态，就会完全避免旧的连接上面存在闲逛的数据包串到新的连接上。为什么是 2 倍的 MSL 的时间呢？这涉及下面这个原因。

2）因为网络的 2 将军问题，图 5-24 中的第四次发送的数据包，服务器是否收到是不确定的。服务器采取的方法是在无法收到第四次的情况下重新发送第三次的数据包，客户端重新收到第三次数据包，再次发送第四次的数据包。第四次数据包的传输时间 + 服务器重新发送第三次数据包的时间，最长是两个 MSL，所以要让客户端在 TIME_WAIT 状态等待 2×MSL 的时间。

还有一个问题：客户端处于 TIME_WAIT 状态，要等 2×MSL 时间进入 CLOSED；但服务器收到第四次的 ACK 之后，立即进入了 CLOSED 状态。为什么不让服务器也进入 TIME_WAIT 状态呢？原因是没有必要。任何一个连接都是一个 4 元组，同时关联了客户端和服务器，客户端处于 TIME_WAIT 状态后，意味着这个连接要到 2×MSL 时间之后才能重新启用，服务器端即使想立马使用也无法实现。

通过分析会发现，一个连接并不是想关就能立刻关的，关闭后还要等 2×MSL 时间才能重开。这就会造成一个问题，如果频繁地创建连接，最后可能导致大量的连接处于 TIME_WAIT 状态，最终耗光所有的连接资源。为了避免出现这种问题，可以采取如下措施：

- 不要让服务器主动关闭连接。这样服务器的连接就不会处于 TIME_WAIT 状态。
- 客户端做连接池，复用连接，而不要频繁地创建和关闭，这其实也是 HTTP 1.1 和 HTTP/2 采用的思路。

5.7 QUIC

QUIC（Quick UDP Internet Connection）是由 Google 公司提出的基于 UDP 协议的多路并发传输协议。

只要使用 TCP，就没有办法完全解决队头阻塞问题，因为 TCP 是先发送先接收，而 UDP 没有这个限制。正因为如此，Google 公司提出了 QUIC 协议，想基于 UDP 构建上层的应用网络。

图 5-24 展示了 QUIC 协议在网络分层中的位置，首先，它取代了 TCP 的部分功能（数据包的不丢）；然后它实现了 SSL/TLS 的所有功能；最后它还取代了 HTTP/2 的部分功能（多路复用）。下面就 QUIC 协议的几个关键特性进行分析。

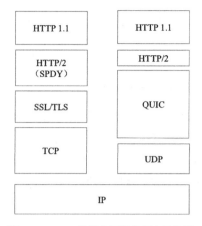

图 5-24　QUIC 协议在网络分层中的位置

5.7.1　不丢包（Raid5 算法和 Raid6 算法）

虽然针对 UDP 会丢包，TCP 可以通过"ACK + 重传"来解决，但很多时候重传的效率不够高。比如服务器收到了数据包 1、2、3，之后收到数据包 5、6、7，其中数据包 4 一直没有收到，客户端会把数据包 4、5、6、7 全部重传一遍。

除了重传，是否还有其他方法来解决丢包问题呢？这就要用到在磁盘存储领域经典的 Raid5 和 Raid6 算法。如图 5-25 所示，每发送 5 个数据包，就发送一个冗余包。冗余包是对 5 个数据包做异或运算得到的。这样一来，服务器收到 6 个包，如果 5 个当中，有一个丢失了，可以通过其他几个包计算出来。这就好比做最简单的数学运算：A+B+C+D+E = R，假设数据包 D 丢失了，可以通过 D = R – A – B – C – E 计算出来。

但这种丢包的恢复办法有一个限制条件：每 5 个当中只能丢失一个，如果把它改成每发送 10 个数据包，再生成一个冗余包，就是每 10 个当中只能丢失一个。

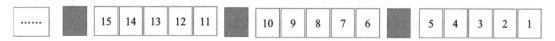

图 5-25　Raid5 算法数据块冗余示意图

在 Raid5 基础上，把可靠性向上提一个级别，生成两个冗余块，就是 Raid 6，如图 5-26 所示。每 5 个数据块生成两个冗余块，这就允许每 5 个块当中丢失两个。数据恢复的过程，相当于解一个二元一次方程组：

$$A+B+C+D+E = R1$$

$$A-B+C-D+E = R2$$

57

A、B、C、D、E 中丢失了任意的两个，可以通过解二元一次方程组反算回来。

图 5-26　Raid6 算法数据块冗余示意图

如此，还可以把冗余块增加到 3 个、4 个，就会变成两个矩阵的乘法，此处不再继续展开。

对于 QUIC 来说，它采用了 RAID5，目前是每发送 10 个数据包，构建一个冗余包，允许每 10 个当中丢失一个。如果 10 个当中丢失了两个呢？那就要回到 TCP 的老办法——重传。通过合理的设置冗余比，QUIC 减小了数据重传的概率。

5.7.2　更少的 RTT

在图 5-17 中，要建立一个 HTTPS 连接需要七次握手，TCP 的三次握手加上 SSL/TLS 的四次握手，是三个 RTT。而造成网络延迟的原因，一个是带宽，另一个是 RTT。因为 RTT 有个特点是同步阻塞。在数据包发出去之后，必须要等对方的确认回来，接着再发下一个。

所以无论 TCP，还是 SSL/TLS，无数的前辈们都尝试过优化协议，减少 RTT 的次数，对于 QUIC 协议同样如此。基于 QUIC 协议，可以把前面的七次握手（三个 RTT），减为 0 次。这个具体的过程又涉及诸多技巧，此处不再展开讨论。

5.7.3　连接迁移

TCP 的连接由 4 元组组成，这在 PC 端上问题不大。而在移动端上，客户端是 Wi-Fi 或者 4G，客户端的 IP 一直在变化，意味着频繁地建立和关闭连接。有没有可能，在客户端的 IP 和端口浮动的情况下，连接仍然可以维持呢？

TCP 的连接本来就是"假"的，一个逻辑上的概念而已，QUIC 协议也可以创造一个逻辑上的连接。具体做法是，不再以 4 元组来标识连接，而是让客户端生成一个 64 位的数字标识连接，虽然客户端的 IP 和 Port 在漂移，但 64 位的数字没有变化，这条连接就会存在。这样，对于上层应用来说，就感觉连接一直存在，没有中断过。

第6章 │ 数据库

6.1 范式与反范式

在大学的数据库原理的教材，都会讲到数据库各个等级的范式。在一般的工程项目中，对于数据库的设计都要求达到第三范式。数据库范式的要求如表 6-1 所示。

表 6-1　数据库范式的要求

范 式	描 述	反 例
第一范式	每个字段都是原子的，不能再分解	某个字段是 JSON 串，或者数组
第二范式	1）表必须有主键，主键可以是单个属性或者几个属性的组合 2）非主属性必须完全依赖，而不能部分依赖主键	在好友关系表中，主键是关注人 ID + 被关注人 ID，但该表中还存储了名字、头像等字段，这些字段只依赖组合主键中的其中一个字段，而不完全依赖主键
第三范式	没有传递依赖：非主属性必须直接依赖主键，而不能间接依赖主键	在员工表中，有个字段是部门 ID，还有其他部门字段，比如部门名称、部门描述等。这些字段直接依赖部门 ID，而不是员工 ID，不应该在员工表中存在

但在互联网应用中，为了性能或便于开发，违背范式的设计比比皆是，如字段冗余、字段存一个复杂的 JSON 串、分库分表之后数据多维度冗余存储、宽表等。

虽然范式未必一定要遵守，但还是需要仔细权衡，什么时候应该遵守范式，什么时候可以违背范式。如果系统是重业务性的系统，对性能、高并发的要求没有那么高，最好保证数据库的设计达到第三范式的要求。不能仅仅为了开发的方便，在数据库中存在 JSON、存数组类型的字段。

6.2 分库分表

分库分表是分布式系统设计中一个非常普遍的问题，什么时候分？怎么分？分完之后又将引发新的问题，例如不能 Join、分布式事务等。

6.2.1 为什么要分

分库的目的是做"业务拆分"，通过业务拆分，把一个大的复杂系统拆成多个业务子系统，之间通过 RPC 或消息中间件通信。这样做既便于团队成员的职责分工，也便于对未来某个系统进行扩展。

第二个考虑是应对高并发。但要针对读多写少，还是读少写多的场景分别讨论。如果是读多写少，可以通过加从库、加缓存解决，不一定要分库分表。如果是读少写多，或者说写入的 QPS 已经达到了数据库的瓶颈，这时就要考虑分库分表了。

另外一个考虑角度是"数据隔离"。如果把核心业务数据和非核心业务数据放在一个库里，不分轻重，同等对待。一旦因为非核心业务导致数据库宕机，核心业务也会受到牵连。分开之后，区别对待，投入的开发和运维人力也不同。

分库分表之后，会面临几个关键问题，下面一一阐述。

6.2.2 分布式 ID 生成服务

在分库之前，数据库的自增主键可以唯一标识一条记录，在分库分表之后，需要一个全局的 ID 生成服务。开源的方案有 Twitter 的 Snowflake，各大公司往往也都有自己的分布式 ID 生成服务。生成的 ID 是完全无序，还是趋势递增，或者呈更严格的单调递增，方案也不尽相同，此处不再展开讨论。

6.2.3 拆分维度的选择

有了全局的 ID，接下来的问题是按哪个维度进行拆分。比如电商的订单表，至少有三个查询维度：订单 ID、用户 ID、商户 ID。当拆分的时候，根据哪个维度进行拆分呢？

假设按用户 ID 维度拆分，同一个用户 ID 的所有订单会落到同一个库的同一张表里。当查询的时候，按用户 ID 查，可以很容易地定位到某个库的某个表；但如果按订单 ID 或商户 ID 维度查询，就很难做。

对于在分库分表之后其他维度的查询，一般有以下几个方法：

1. 建立一个映射表

建立辅助维度和主维度之间的映射关系（商户 ID 和用户 ID 之间的映射关系）。查询的时候根据商户 ID 查询映射表，得到用户 ID；再根据用户 ID 查询订单 ID。但这里有个问题：映射表本身也需要分库分表，并且分库分表维度和订单表的分库维度还不同。即使映射表不分库分表，写入一条订单的时候也可能需要同时写两个库，属于分布式事务问题。对于这种问题，通常也只能做一个后台任务定时比对，保证订单表和映射表的数据最终一致。

2．业务双写

同一份数据，两套分库分表。一套按用户 ID 切分，一套按商户 ID 切分。同样，存在写入多个库的分布式事务问题。

3．异步双写

还是两套表，只是业务单写。然后通过监听 Binlog，同步到另外一套表上。

4．两个维度统一到一个维度

把订单 ID 和用户 ID 统一成一个维度，比如把用户 ID 作为订单 ID 中的某几位，这样订单 ID 中就包含了用户 ID 信息，然后按照用户 ID 分库，当按订单 ID 查询的时候，截取出用户 ID，再按用户 ID 查询；或者订单 ID 和用户 ID 中有某几位是相同的（两个 ID 都是字符串类型），用这几位作为分库维度。

6.2.4　Join 查询问题

分库分表之后，Join 查询就不能用了。针对这种情况，一般有下面几种解决方法：

1．把 Join 拆成多个单表查询，不让数据库做 Join，而是在代码层对结果进行拼装

这种做法非常的常见，因为数据库全是单表查询，大大降低了数据库发生慢查询的概率。

2．做宽表，重写轻读

很多时候会有这样的情况：需要把 Join 的结果分页，这需要利用 MySQL 本身的分页功能。对于这种不得不用 Join 的情况，可以另外做一个 Join 表，提前把结果 Join 好。这是"重写轻读"，其实也是"空间换时间"的思路。

3．利用搜索引擎

对于第二种方法当中提到的场景，还可以利用类似 ES 的搜索引擎，把数据库中的数据导入搜索引擎中进行查询，从而解决 Join 问题。

6.2.5　分布式事务

做了分库之后，纯数据库的事务就做不了了。一般的解决办法是优化业务，避免跨库的事务，保证所有事务都落到单库中。

如果实在无法避免，需要分布式事务的解决方案。分布式事务是一个系统性的问题，后面会专门论述。

6.3 B+树

关系型数据库在查询方面有一些重要特性，是KV型的数据库或者缓存所不具备的，比如：

1）范围查询。

2）前缀匹配模糊查询。

3）排序和分页。

这些特性的支持，要归功于 B+树这种数据结构。下面来分析 B+树是如何支持这些查询特性的。

6.3.1 B+树逻辑结构

图 6-1 展示了数据库的主键对应的 B+树的逻辑结构，这个结构有几个关键特征：

1）在叶子节点一层，所有记录的主键按照从小到大的顺序排列，并且形成了一个双向链表。叶子节点的每一个 Key 指向一条记录。

2）非叶子节点取的是叶子节点里面 Key 的最小值。这意味着所有非叶子节点的 Key 都是冗余的叶子节点。同一层的非叶子节点也互相串联，形成了一个双向链表。

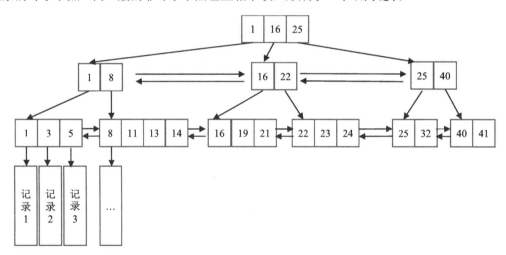

图 6-1 数据库的主键对应的 B+树的逻辑结构

基于这样一个数据结构，要实现上面的几个特性就很容易了：

- 范围查询：比如要查主键在[1,17]之间的记录。二次查询，先查找 1 所在的叶子节点的记录位置，再查找 17 所在的叶子节点记录的位置（就是 16 所处的位置），然后顺序地从 1 遍历链表直到 16 所在的位置。

- 前缀匹配模糊查询。假设主键是一个字符串类型，要查询 where Key like abc%，其实可以转化成一个范围查询 Key in [abc,abcz]。当然，如果是后缀匹配模糊查询，或者诸如 where Key like %abc%这样的中间匹配，则没有办法转化成范围查询，只能挨个遍历。
- 排序与分页。叶子节点天然是排序好的，支持排序和分页。

另外，基于 B+树的特性，会发现对于 offset 这种特性，其实是用不到索引的。比如每页显示 10 条数据，要展示第 101 页，通常会写成 select xxx where xxx limit 1000, 10，从 offset = 1000 的位置开始取 10 条。

虽然只取了 10 条数据，但实际上数据库要把前面的 1000 条数据都遍历才能知道 offset = 1000 的位置在哪。对于这种情况，合理的办法是不要用 offset，而是把 offset = 1000 的位置换算成某个 max_id，然后用 where 语句实现，就变成了 select xxx where xxx and id > max_id limit 10，这样就可以利用 B+树的特性，快速定位到 max_id 所在的位置，即是 offset=1000 所在的位置。

6.3.2　B+树物理结构

上面的树只是一个逻辑结构，最终要存储到磁盘上。下面就以 MySQL 中最常用的 InnoDB 引擎为例，看一下如何实现 B+树的存储。

对于磁盘来说，不可能一条条地读写，而都是以 "块" 为单位进行读写的。InnoDB 默认定义的块大小是 16KB，通过 innodb_page_size 参数指定。这里所说的 "块"，是一个逻辑单位，而不是指磁盘扇区的物理块。块是 InnoDB 读写磁盘的基本单位，InnoDB 每一次磁盘 I/O，读取的都是 16KB 的整数倍的数据。无论叶子节点，还是非叶子节点，都会装在 Page 里。InnoDB 为每个 Page 赋予一个全局的 32 位的编号，所以 InnoDB 的存储容量的上限是 64TB(2^{32}×16KB)。

16KB 是一个什么概念呢？如果用来装非叶子节点，一个 Page 大概可以装 1000 个 Key(16K，假设 Key 是 64 位整数，8 个字节，再加上各种其他字段)，意味着 B+树有 1000 个分叉；如果用来装叶子节点，一个 Page 大概可以装 200 条记录（记录和索引放在一起存储，假设一条记录大概 100 个字节）。基于这种估算，一个三层的 B+树可以存储多少数据量呢？如图 6-2 所示。

第一层：一个节点是一个 Page，里面存放了 1000 个 Key，对应 1000 个分叉。

第二层：1000 个节点，1000 个 Page，每个 Page 里面装 1000 个 Key。

第三层：1000×1000 个节点（Page），每个 Page 里面装 200 条记录，即是 1000×1000×200 = 2 亿条记录，总容量是 16KB×1000×1000，约 16GB。

把第一层和第二层的索引全装入内存里，即（1+1000）×16KB，也即约 16MB 的内存。三层 B+树就可以支撑 2 亿条记录，并且一次基于主键的等值查询，只需要一次 I/O（读取叶子节点）。由此可见 B+树的强大！

基于 Page，最终整个 B+树的物理存储类似图 6-3 所示。

Page 与 Page 之间组成双向链表，每一个 Page 头部有两个关键字段：前一个 Page 的编号，后一个 Page 的编号。Page 里面存储一条条的记录，记录之间用单向链表串联，最终所有的记录形成图 6-1 所示的双向链表的逻辑结构。对于记录来说，定位到了 Page，也就定位到了 Page 里面的记录。因为 Page 会一次性读入内存，同一个 Page 里面的记录可以在内存中顺序查找。

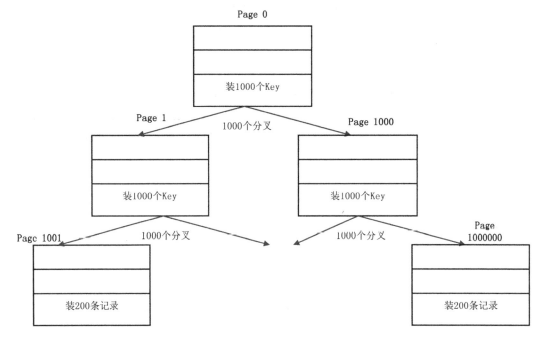

图 6-2　三层的磁盘 B+树示意图

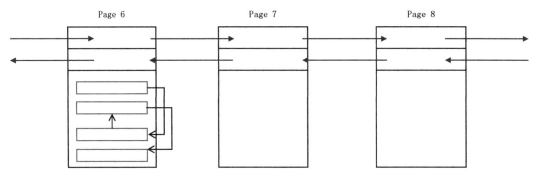

图 6-3　B+树物理存储示意图

在 InnoDB 的实践里面，其中一个建议是按主键的自增顺序插入记录，就是为了避免 Page Split 问题。比如一个 Page 里依次装入了 Key 为（1，3，5，9）四条记录，并且假设这个 Page

满了。接下来如果插入一个 Key = 4 的记录，就不得不建一个新的 Page，同时把（1，3，5，9）分成两半，前一半（1，3，4）还在旧的 Page 中，后一半（5，9）拷贝到新的 Page 里，并且要调整 Page 前后的双向链表的指针关系，这显然会影响插入速度。但如果插入的是 Key = 10 的记录，就不需要做 Page Split，只需要建一个新的 Page，把 Key = 10 的记录放进去，然后让整个链表的最后一个 Page 指向这个新的 Page 即可。

另外一个点，如果只是插入而不硬删除记录（只是软删除），也会避免某个 Page 的记录数减少进而发生相邻的 Page 合并的问题。

6.3.3　非主键索引

对于非主键索引，同上面类似的结构，每一个非主键索引对应一颗 B+树。在 InnoDB 中，非主键索引的叶子节点存储的不是记录的指针，而是主键的值。所以，对于非主键索引的查询，会查询两棵 B+树，先在非主键索引的 B+树上定位主键，再用主键去主键索引的 B+树上找到最终记录。

有一点需要特别说明：对于主键索引，一个 Key 只会对应一条记录；但对于非主键索引，值可以重复。所以一个 Key 可能对应多条记录，如表 6-2 所示。假设对于字段 1 建立索引（字段 1 是一个字符类型），一个 A 会对应 1，5，7 三条记录，C 对应 8、12 两条记录。这反映在 B+树的数据结构上面就是其叶子节点、非叶子节点的存储结构，会和主键索引的存储结构稍有不同。

表 6-2　非主键索引字段值重复

主键 ID	字段 1（非主键索引）	其他字段
1	A	
5	A	
7	A	
8	C	
10	B	
12	C	

如图 6-4 所示，首先，每个叶子节点存储了主键的值；对于非叶子节点，不仅存储了索引字段的值，同时也存储了对应的主键的最小值。

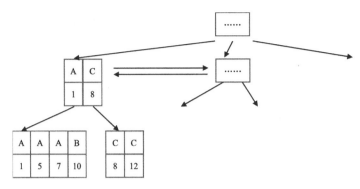

图 6-4　非主键索引 B+树示意图

6.4　事务与锁

6.4.1　事务的四个隔离级别

通俗地讲，事务就是一个"代码块"，这个代码块要么不执行，要么全部执行。事务要操作数据（数据库里面的表），事务与事务之间会存在并发冲突，就好比在多线程编程中，多个线程操作同一份数据，存在线程间的并发冲突是一个道理。

事务与事务并发地操作数据库的表记录，可能会导致下面几类问题，如表 6-3 所示。

表 6-3　事务并发导致的几类问题

编　号	问　题	描　述
（1）	脏读	事务 A 读取了一条记录的值，然后基于这个值做业务逻辑，在事务 A 提交之前，事务 B 回滚了该记录，导致事务 A 读到的这条记录一个脏数据
（2）	不可重复读	在同一个事务里面，两次读取同一行记录，但结果不一样。因为另外一个事务在对此记录进行 update 操作
（3）	幻读	在同一个事务里面，同样的 select 语句，执行两次，返回的记录条数不一样。因为另外一个事务在进行 insert/delete 操作
（4）	丢失更新	两个事务同时修改同一条记录，事务 A 的修改被事务 B 覆盖了。举个例子：$x=5$，A 和 B 同时把 x 读出来，减 1，再写回去，得到 $x=4$，实际 x 的正确值应该是 $x=3$

为了解决上面几类问题，数据库设置了不同的事务隔离级别。不同数据库在事务隔离级别的定义和实现上会有差异，下面以 MySQL InnoDB 引擎为例，分析隔离级别是如何定义的，如表 6-4 所示。

表6-4 InnoDB 事务隔离级别

级 别	名 称	解决问题
1	RU（Read Uncommited）	相当于什么都没做，上面的四个问题一个都没有解决，所以实际中不会采用
2	RC（Read Commited）	只解决了上面的问题（1）脏读
3	RR（Repeatable Read）	解决了上面的问题（1）（2）（3） 这也是 InnoDB 默认的隔离级别
4	Serialization	串行化。完全解决上面的四个问题

从表 6-4 中可以看出，隔离级别，一级比一级严格。隔离级别 4 就是串行化，所有事务串行执行，虽然能解决上面的四个问题，但性能无法接受，所以一般不会采用；隔离级别 1 没有任何作用，也不会采用；所以常用的是隔离级别 2 和隔离级别 3。

既然默认的隔离级别是 3（RR），如何解决最后一个问题，丢失更新呢？这涉及下面要讲的悲观锁和乐观锁。

6.4.2 悲观锁和乐观锁

丢失更新在业务场景中非常常见，数据库没有帮工程师解决这个问题，只能靠我们自己解决了。先看丢失更新出现的场景：假设 DB 中有张数据表，如表 6-5 所示。

表6-5 用户余额表 T

user_id	banlance
1	30
2	80

两个事务并发地对同一条记录进行修改，一个充钱，一个扣钱，伪代码如下：

事务 A：

```
start transaction
int b = select balance from T where user_id = 1
b = b + 50
update T set balance = b where user_id = 1
commit
```

事务 B：start transaction

```
start transaction
int b = select balance from T where user_id = 1
b = b - 50
update T set balance = b where user_id = 1
commit
```

如果正确地执行了事务 A 和事务 B（无论谁先谁后），执行完成之后，user_id=1 的用户余额都是 30；但现在事务 A 和事务 B 并行执行，执行结果可能是 30（正确结果），也可能是 80（事务 A 把事务 B 的结果覆盖了），或者是–20（事务 B 把事务 A 的结果覆盖了），这两种结果都是错误的。

要解决这个问题，有下面几种方法：

方法 1：利用单条语句的原子性

在上面的每个事务里，都是把数据先 select 出来，再 update 回去，没有办法保证两条语句的原子性。如果改成一条语句，就能保证原子性，如下所示：

事务 A：

```
start transaction
update T set balance = balance + 50 where user_id = 1
commit
```

事务 B：

```
start transaction
update T set balance = balance -50 where user_id = 1
commit
```

这种方法简单可行，但很有局限性。因为实际的业务场景往往需要把 balance 先读出来，做各种逻辑计算之后再写回去。如果不读，直接修改 balance，没有办法知道修改之前的 balance 的值是多少。

方法 2：悲观锁

悲观锁，就是认为数据发生并发冲突的概率很大，所以读之前就上锁。利用 select xxx for update 语句，伪代码如下所示：

事务 A：

```
start transaction
//对 user_id=1 的记录上悲观锁
int b = select balance from T where user_id = 1 for update
b = b + 50
update T set balance = b where user_id = 1
commit
```

事务 B：

```
start transaction
//对 user_id=1 的记录上悲观锁
int b = select balance from T where user_id = 1 for update
```

```
b = b - 50
update T set balance = b where user_id = 1
commit
```

悲观锁有潜在问题，假如事务 A 在拿到锁之后、Commit 之前出问题了，会造成锁不能释放，数据库死锁。另外，一个事务拿到锁之后，其他访问该记录的事务都会被阻塞，这在高并发场景下会造成用户端的大量请求阻塞。为此，有了下面的乐观锁。

方法 3：乐观锁

对于乐视锁，认为数据发生并发冲突的概率比较小，所以读之前不上锁。等到写回去的时候再判断数据是否被其他事务改了，即多线程里面经常会讲的 CAS（Comapre And Set）的思路。下面来看一下，如何实现在数据库层面做 CAS：如表 6-6 所示，给上面的表再加一列 version 字段。

表 6-6　实现乐观锁的表结构

user_id	banlance	version
1	30	
2	80	

对应的伪代码如下所示：

事务 A

```
while(!result)  //CAS 不成功，把数据重新读出来，修改之后，重新 CAS
 {
start transaction
int b, v1 = select balance, version from T where user_id = 1 ;
 b = b + 50;
 result = update T set balance = b, version = version + 1 where user_id = 1 and
version = v1;  //CAS
commit
 }
```

事务 B

```
while(!result)
 {
start transaction
 int b, v1 = select balance, version from T where user_id = 1 ;
 b = b - 50;
  result = update T set balance = b, version = version + 1 where user_id = 1 and
version = v1; //CAS
 commit
 }
```

CAS 的核心思想是：数据读出来的时候有一个版本 v1，然后在内存里面修改，当再写回去的时候，如果发现数据库中的版本不是 v1（比 v1 大），说明在修改的期间内别的事务也在修改，则放弃更新，把数据重新读出来，重新计算逻辑，再重新写回去，如此不断地重试。

在实现层面，就是利用 update 语句的原子性实现了 CAS，当且仅当 version=v1 时，才能把 balance 更新成功。在更新 balance 的同时，version 也必须加 1。version 的比较、version 的加 1、balance 的更新，这三件事情都是在一条 update 语句里面完成的，这是这个事情的关键所在！

当然，在实际场景中，不会让客户端无限循环地重试，可以重试三次，然后在操作界面上提示稍后再操作。

顺便介绍 Java 是如何利用 CAS 来做乐观锁的。下面是 JDK6 的 JUC 包里面，AtomicInteger 的源代码：

```
public final int getAndIncrement() {
for (;;) {  //失败，无限循环重试
int current = get();  //读取值
int next = current + 1;  //修改值
if (compareAndSet(current, next))  return current;  //CAS
}
}
public final int getAndDecrement() {
 for (;;) {
 int current = get();
int next = current - 1;
if (compareAndSet(current, next)) return current;
}
}
public final boolean compareAndSet(int expect, int update) {
return unsafe.compareAndSwapInt(this, valueOffset, expect, update);  //调用
native 代码，实现一个 CAS 原子操作
}
```

方法 4：分布式锁

乐观锁的方案可以很好地应对上述场景，但有一个限制是 select 和 update 的是同一张表的同一条记录，如果业务场景更加复杂，有类似下面的事务：

```
start_transaction
  select xxx from T1
  select xxx from T2
  ...根据 T1 和 T2 查询结果进行逻辑计算，然后更新 T3
  update T3
commit
```

要实现 update 表 T3 的同时，表 T1 和表 T2 是锁住状态，不能让其他事务修改。在这种场景下，乐观锁也不能解决，需要分布式锁。当然，分布式锁也不是一个完善的方案，存在各种问题，后面会对其专门探讨。

6.4.3 死锁检测

上层应用开发会加各种锁，有些锁是隐式的，数据库会主动加；而有些锁是显式的，比如上文所说的悲观锁。因为开发使用的不当，数据库会发生死锁。所以，作为数据库，必须有机制检测出死锁，并解决死锁问题。

先以两个事务为例，看一下死锁发生的原理。如图 6-5 所示：事务 A 持有锁 1，事务 B 持有锁 2，然后事务 A 请求锁 2，但请求不到；事务 B 请求锁 1，也请求不到。两个事务各拿一个锁，各请求对方的锁，互相等待，发生死锁。

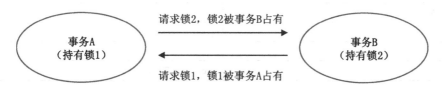

图 6-5 两个事务发生死锁示意图

把两个事务的场景扩展到多个事务，如图 6-6 所示。

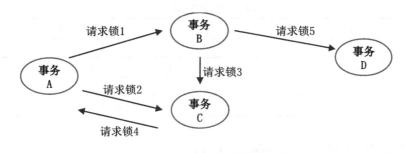

图 6-6 多个事务发生死锁的示意图

以事务为顶点，以事务请求的锁为边，构建一个有向图，这个图被称为 Wait-for Graph。比如事务 A 要请求锁 1、锁 2，而锁 1、锁 2 分别被事务 B、事务 C 持有，因此事务 A 依赖事务 B、事务 C；事务 B 要请求锁 3，而锁 3 被事务 C 持有，所以事务 B 依赖事务 C；事务 C 要请求锁 4，而锁 4 被事务 A 持有，所以事务 C 依赖事务 A；依此类推。

死锁检测就是发现这种有向图中存在的环，本图中就是事务 A、事务 B、事务 C 之间出现了环，所以发生了死锁。关于如何判断一个有向图是否存在环属于图论中的基本问题，存在多种算法，此处不展开讨论。

检测到死锁后，数据库可以强制让其中某个事务回滚，释放掉锁，把环断开，死锁就解除了。

具体到 MySQL，开发者可以通过日志或者命令查看当前数据库是否发生了死锁现象。遇到这种问题，需要排查代码，分析死锁发生的原因，定位到具体的 SQL 语句，然后解决。死锁发生的场景非常的多，与代码有关，也与事务隔离级别有关，只能根据具体问题分析 SQL 语句解决。下面随便列举两个死锁发生的场景。

场景 1：如表 6-7 所示，事务 A 操作了表 T1、T2 的两条记录，事务 B 也操作了表 T1、T2 中同样的两条记录，顺序刚好反过来，可能发生死锁。

表 6-7　死锁发生场景 1

事务 A	事务 B
delete from T1 where id = 1	
	update T2 set xxx where id = 5
update T2 set xxx where id = 5	
	delete from T1 where id = 1

场景 2：如表 6-8 所示，同一张表，在第三个隔离级别（RR）下，insert 操作会增加 Gap 锁，可能导致两个事务死锁。这个比较隐晦，不容易看出来。

表 6-8　死锁发生场景 2

事务 A	事务 B
delete from T1 where id = 1	
	update T1 set xxx where id = 5
insert into T1 values(…)	
	insert into T1 values(…)

6.5　事务实现原理之 1：Redo Log

介绍事务怎么用后，下面探讨事务的实现原理。事务有 ACID 四个核心属性：

A：原子性。事务要么不执行，要么完全执行。如果执行到一半，宕机重启，已执行的一半要回滚回去。

C：一致性。各种约束条件，比如主键不能为空、参照完整性等。

I：隔离性。隔离性和并发性密切相关，因为如果事务全是串行的（第四个隔离级别），也不需要隔离。

D：持久性。这个很容易理解，一旦事务提交了，数据就不能丢。

在这四个属性中，D 比较容易，C 主要是由上层的各种规则来约束，也相对简单。而 A 和 I 牵涉并发问题、崩溃恢复的问题，将是讨论的重点。

说到事务的实现原理，会追溯到 ARIES 算法理论，ARIES（Algorithms for Recovery And Isolation Expoiting Semantics）是 20 世纪 90 年代由 IBM 的几位研究员提出的一个算法集，主论文是 *ARIES: A Transaction Recovery Method Supporting Fine-Granularity Locking and Partial Rollbacks Using Write-Ahead Loggging*。ARIES 的思想影响深远，现代的关系型数据库（DB2、MySQL、InnoDB、SQL Server、Oracle）在事务实现的很多方面都吸收了该思想，在大学的教科书上如果讲到事务的实现，也都会介绍 AREIS 方法。

接下来，就以 InnoDB 为背景，分析事务的 ACID 其中的三个属性（A、I、D）是如何实现的。先从最简单的 D 开始（I/O 问题），然后是 A，最后讨论 I。

6.5.1　Write-Ahead

一个事务要修改多张表的多条记录，多条记录分布在不同的 Page 里面，对应到磁盘的不同位置。如果每个事务都直接写磁盘，一次事务提交就要多次磁盘的随机 I/O，性能达不到要求。怎么办呢？不写磁盘，在内存中进行事务提交。然后再通过后台线程，异步地把内存中的数据写入到磁盘中。但有个问题：机器宕机，内存中的数据还没来得及刷盘，数据就丢失了。

为此，就有了 Write-ahead Log 的思路：先在内存中提交事务，然后写日志（所谓的 Write-ahead Log），然后后台任务把内存中的数据异步刷到磁盘。日志是顺序地在尾部 Append，从而也就避免了一个事务发生多次磁盘随机 I/O 的问题。明明是先在内存中提交事务，后写的日志，为什么叫作 Write-Ahead 呢？这里的 Ahead，其实是指相对于真正的数据刷到磁盘，因为是先写的日志，后把内存数据刷到磁盘，所以叫 Write-Ahead Log。

内存操作数据 + Write-Ahead Log 的这种思想非常普遍，后面讲 LSM 树的时候，还会再次提到这个思想。在多备份一致性中，复制状态机的模型也是基于此。

具体到 InnoDB 中，Write-Ahead Log 是 Redo Log。在 InnoDB 中，不光事务修改的数据库表数据是异步刷盘的，连 Redo Log 的写入本身也是异步的。如图 6-7 所示，在事务提交之后，Redo Log 先写入到内存中的 Redo Log Buffer 中，然后异步地刷到磁盘上的 Redo Log。

为此，InnoDB 有个关键的参数 innodb_flush_log_at_trx_commit 控制 Redo Log 的刷盘策略，该参数有三个取值：

0：每秒刷一次磁盘，把 Redo Log Buffer 中的数据刷到 Redo Log（默认为 0）。

1：每提交一个事务，就刷一次磁盘（这个最安全）。

2：不刷盘。然后根据参数 innodb_flush_log_at_timeout 设置的值决定刷盘频率。

很显然，该参数设置为 0 或者 2 都可能丢失数据。设置为 1 最安全，但性能最差。InnoDB 设置此参数，也是为了让应用在数据安全性和性能之间做一个权衡。

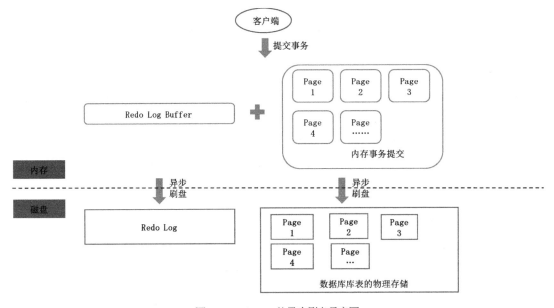

图 6-7　Redo Log 的异步刷盘示意图

6.5.2　Redo Log 的逻辑与物理结构

知道了 Redo Log 的基本设计思想，下面来看 Redo Log 的详细结构。

从逻辑上来讲，日志就是一个无限延长的字节流，从数据库安装好并启动的时间点开始，日志便源源不断地追加，永无结束。

但从物理上来讲，日志不可能是一个永不结束的字节流，日志的物理结构和逻辑结构，有两个非常显著的差异点：

1）磁盘的读取和写入都不是按一个个字节来处理的，磁盘是"块"设备，为了保证磁盘的 I/O 效率，都是整块地读取和写入。对于 Redo Log 来说，就是 Redo Log Block，每个 Redo Log Block 是 512 字节。为什么是 512 字节呢？因为早期的磁盘，一个扇区（最细粒度的磁盘存储单位）就是存储 512 字节数据。

2）日志文件不可能无限制膨胀，过了一定时期，之前的历史日志就不需要了，通俗地讲叫"归档"，专业术语是 Checkpoint。所以 Redo Log 其实是一个固定大小的文件，循环使用，写到尾部之后，回到头部覆写（实际 Redo Log 是一组文件，但这里就当成一个大文件，不影响对原理的理解）。之所以能覆写，因为一旦 Page 数据刷到磁盘上，日志数据就没有存在的必要了。

图 6-8 展示了 Redo Log 逻辑与物理结构的差异，LSN（Log Sequence Number）是逻辑上日志按照时间顺序从小到大的编号。在 InnoDB 中，LSN 是一个 64 位的整数，取的是从数据库安装启动开始，到当前所写入的总的日志字节数。实际上 LSN 没有从 0 开始，而是从 8192 开始，这个是 InnoDB 源代码里面的一个常量 LOG_START_LSN。因为事务有大有小，每个事务产生的日志数据量是不一样的，所以日志是变长记录，因此 LSN 是单调递增的，但肯定不是呈单调连续递增。

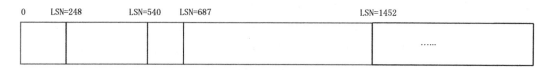

(a) Redo Log 逻辑结构

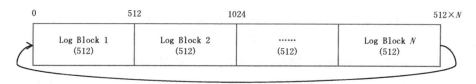

(a) Redo Log 物理结构

图 6-8 Redo Log 逻辑结构与物理结构的差异

物理上面，一个固定的文件大小，每 512 个字节一个 Block，循环使用。显然，很容易通过 LSN 换算出所属的 Block。反过来，给定 Redo Log，也很容易算出第一条日志在什么位置。假设在 Redo Log 中，从头到尾所记录的 LSN 依次如下所示：

（200，289，378，478，30，46，58，69，129）

很显然，第 1 条日志是 30，最后 1 条日志是 478，30 以前的已经被覆盖。

6.5.3 Physiological Logging

知道了 Redo Log 的整体结构，下面进一步来看每个 Log Block 里面 Log 的存储格式。这个问题很关键，是数据库事务实现的一个核心点。

（1）**记法 1**。类似 Binlog 的 statement 格式，记原始的 SQL 语句，insert/delete/update。

（2）**记法 2**。类似 Binlog 的 RAW 格式，记录每张表的每条记录的修改前的值、修改后的值，类似（表，行，修改前的值，修改后的值）。

（3）**记法 3**。记录修改的每个 Page 的字节数据。由于每个 Page 有 16KB，记录这 16KB 里哪些部分被修改了。一个 Page 如果被修改了多个地方，就会有多条物理日志，如下所示：

（Page ID，offset1，len1，改之前的值，改之后的值）

（Page ID，offset2，len2，改之前的值，改之后的值）

前两种记法都是逻辑记法；第三种是物理记法。Redo Log 采用了哪种记法呢？它采用了逻辑和物理的综合体，就是先以 Page 为单位记录日志，每个 Page 里面再采取逻辑记法（记录 Page 里面的哪一行被修改了）。这种记法有个专业术语，叫 Physiological Logging。

要搞清楚为什么要采用 Physiological Logging，就得知道逻辑日志和物理日志的对应关系：

（1）一条逻辑日志可能产生多个 Page 的物理日志。比如往某个表中插入一条记录，逻辑上是一条日志，但物理上可能会操作两个以上的 Page？为什么呢，因为一个表可能有多个索引，每个索引都是一颗 B+树，插入一条记录，同时更新多个索引，自然可能修改多个 Page。

如果 Redo Log 采用逻辑日志的记法，一条记录牵涉的多个 Page 写到一半系统宕机了，要恢复的时候很难知道到底哪个 Page 写成功了，哪个失败了。

（2）即使 1 条逻辑日志只对应一个 Page，也可能要修改这个 Page 的多个地方。因为一个 Page 里面的记录是用链表串联的，所以如果在中间插入一条记录，不仅要插入数据，还要修改记录前后的链表指针。对应到 Page 就是多个位置要修改，会产生多条物理日志。

所以纯粹的逻辑日志宕机后不好恢复；物理日志又太大，一条逻辑日志就可能对应多条物理日志。Physiological Logging 综合了两种记法的优点，先以 Page 为单位记录日志，在每个 Page 里面再采用逻辑记法。

6.5.4 I/O 写入的原子性（Double Write）

要实现事务的原子性，先得考虑磁盘 I/O 的原子性。一个 Log Block 是 512 个字节。假设调用操作系统的一次 Write，往磁盘上写入一个 Log Block（512 个字节），如果写到一半机器宕机后再重启，请问写入成功的字节数是 0，还是[0，512]之间的任意一个数值？

这个问题的答案并不唯一，可能与操作系统底层和磁盘的机制有关，如果底层实现了 512 个字节写入的原子性，上层就不需要做什么事情；否则，在上层就需要考虑这个问题。假设底层没有保证 512 个字节的原子性，可以通过在日志中加入 checksum 解决。通过 checksum 能判断出宕机之后重启，一个 Log Block 是否完整。如果不完整，就可以丢弃这个 LogBlock，对日志来说，就是做截断操作。

除了日志写入有原子性问题，数据写入的原子性问题更大。一个 Page 有 16KB，往磁盘上刷盘，如果刷到一半系统宕机再重启，请问这个 Page 是什么状态？在这种情况下，Page 既不是一个脏的 Page，也不是一个干净的 Page，而是一个损坏的 Page。既然已经有 Redo Log 了，不能用 Redo Log 恢复这个 Page 吗？

因为 Redo Log 也恢复不了。因为 Redo Log 是 Physiological Logging，里面只是一个对 Page 的修改的逻辑记录，Redo Log 记录了哪个地方修改了，但不知道哪个地方损坏了。另外，即使为这个 Page 加了 checksum，也只能判断出 Page 损坏了，只能丢弃，但无法恢复数据。有两个解决办法：

（1）让硬件支持 **16KB 写入的原子性**。要么写入 0 个字节，要么 16KB 全部成功。

（2）**Double write**。把 16KB 写入到一个临时的磁盘位置，写入成功后再拷贝到目标磁盘位置。这样，即使目标磁盘位置的 16KB 因为宕机被损坏了，还可以用备份去恢复。

6.5.5　Redo Log Block 结构

Log Block 还需要有 Check sum 的字段，另外还有一些头部字段。事务可大可小，可能一个 Block 存不下产生的日志数据，也可能一个 Block 能存下多个事务的数据。所以在 Block 里面，得有字段记录这种偏移量。

图 6-9 展示了一个 Redo Log Block 的详细结构，头部有 12 字节，尾部 Check sum 有 4 个字节，所以实际一个 Block 能存的日志数据只有 496 字节。

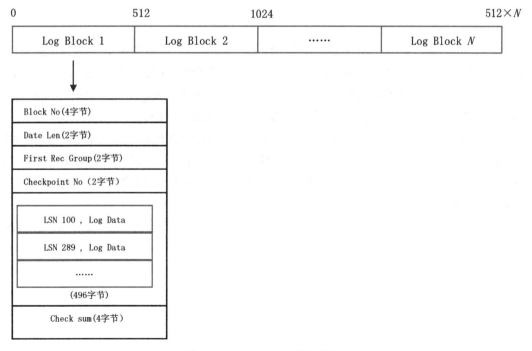

图 6-9　Redo Log Block 详细结构

头部 4 个字段的含义分别如下：

Block No：每个 Block 的唯一编号，可以由 LSN 换算得到。

Date Len：该 Block 中实际日志数据的大小，可能 496 字节没有存满。

First Rec Group：该 Block 中第一条日志的起始位置，可能因为上一条日志很大，上一个 Block 没有存下，日志的部分数据到了当前的 Block。如果 First Rec Group = Data Len，则说明上一条日志太大，大到横跨了上一个 Block、当前 Block、下一个 Block，当前 Block 中没有新日志。

Checkpoint No：当前 Block 进行 Check point 时对应的 LSN（下文会专门讲 Checkpoint）。

6.5.6 事务、LSN 与 Log Block 的关系

知道了 Redo Log 的结构，下面从一个事务的提交开始分析，看事务和对应的 Redo Log 之间的关联关系。假设有一个事务，伪代码如下：

```
start transaction
  update 表 1 某行记录
  delete 表 1 某行记录
  insert 表 2 某行记录
commit
```

其产生的日志，如图 6-10 所示。应用层所说的事务都是"逻辑事务"，具体到底层实现，是"物理事务"，也叫作 Mini Transaction（Mtr）。在逻辑层面，事务是三条 SQL 语句，涉及两张表；在物理层面，可能是修改了两个 Page（当然也可能是四个 Page，五个 Page……），每个 Page 的修改对应一个 Mtr。每个 Mtr 产生一部分日志，生成一个 LSN。

这个"逻辑事务"产生了两段日志和两个 LSN。分别存储到 Redo Log 的 Block 里，这两段日志可能是连续的，也可能是不连续的（中间插入的有其他事务的日志）。所以，在实际磁盘上面，一个逻辑事务对应的日志不是连续的，但一个物理事务（Mtr）对应的日志一定是连续的（即使横跨多个 Block）。

图 6-11 展示了两个逻辑事务，其对应的 Redo Log 在磁盘上的排列示意图。可以看到，LSN 是单调递增的，但是两个事务对应的日志是交叉排列的。

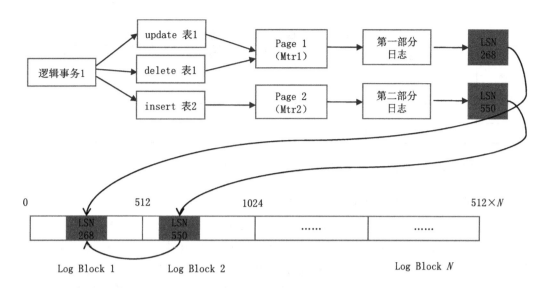

图 6-10　事务与产生的 Redo Log 对应关系

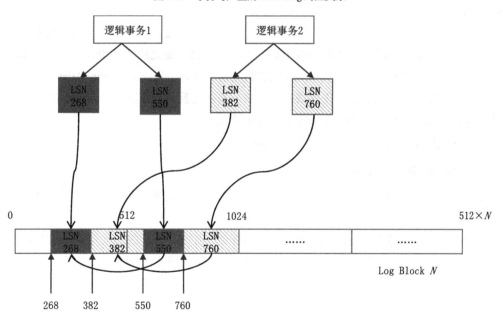

图 6-11　两个逻辑事务的 Redo Log 在磁盘上排列示意图

同一个事务的多条 LSN 日志也会通过链表串联，最终数据结构类似表 6-9。其中，TxID 是 InnoDB 为每个事务分配的一个唯一的 ID，是一个单调递增的整数。

表 6-9　Redo Log 与 LSN 和事务的关系

LSN	PrevLSN	Page No	TxID	Log Data
268	-	P1	txid1	
382	-	P3	txid2	
550	268	P2	txid1	
760	382	P4	txid2	

6.5.7　事务 Rollback 与崩溃恢复（ARIES 算法）

1. 未提交事务的日志也在 Redo Log 中

通过上面的分析，可以看到不同事务的日志在 Redo Log 中是交叉存在的，这意味着未提交的事务也在 Redo Log 中！因为日志是交叉存在的，没有办法把已提交事务的日志和未提交事务的日志分开，或者说前者刷到磁盘的 Redo Log 上面，后者不刷。比如图 6-11 的场景，逻辑事务 1 提交了，要把逻辑事务 1 的 Redo Log 刷到磁盘上，但中间夹杂的有逻辑事务 2 的部分 Redo Log，逻辑事务 2 此时还没有提交，但其日志会被"连带"地刷到磁盘上。

所以这是 ARIES 算法的一个关键点，不管事务有没有提交，其日志都会被记录到 Redo Log 上。当崩溃后再恢复的时候，会把 Redo Log 全部重放一遍，提交的事务和未提交的事务，都被重放了，从而让数据库"原封不动"地回到宕机之前的状态，这叫 Repeating History。

重放完成后，再把宕机之前未完成的事务找出来。这就有个问题，怎么把宕机之前未完成的事务全部找出来？这点讲 Checkpoint 时会详细介绍。

把未完成的事务找出来后，逐一利用 Undo Log 回滚。

2. Rollback 转化为 Commit

回滚是把未提交事务的 Redo Log 删了吗？显然不是。在这里用了一个巧妙的转化方法，把回滚转化成为提交。

如图 6-12 所示，客户端提交了 Rollback，数据库并没有更改之前的数据，而是以相反的方向生成了三个新的 SQL 语句，然后 Commit，所以是逻辑层面上的回滚，而不是物理层面的回滚。

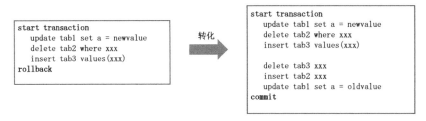

图 6-12　一个 Rollback 事务被转换为 Commit 事务示意图

同样，如果宕机时一个事务执行了一半，在重启、回滚的时候，也并不是删除之前的部分，而是以相反的操作把这个事务"补齐"，然后 Commit，如图 6-13 所示。

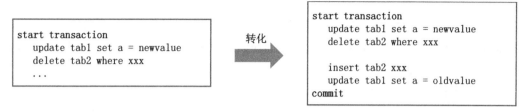

图 6-13 宕机未完成的事务被转换成 Commit 事务

这样一来，事务的回滚就变得简单了，不需要改之前的数据，也不需要改 Redo Log。相当于没有了回滚，全部都是 Commit。对于 Redo Log 来说，就是不断地 append。这种逆向操作的 SQL 语句对应到 Redo Log 里面，叫作 Compensation Log Record（CLR），会和正常操作的 SQL 的 Log 区分开。

3. ARIES 恢复算法

如图 6-14 所示，有 T0～T5 共 6 个事务，每个事务所在的线段代表了在 Redo Log 中的起始和终止位置。发生宕机时，T0、T1、T2 已经完成，T3、T4、T5 还在进行中，所以回滚的时候，要回滚 T3、T4、T5。

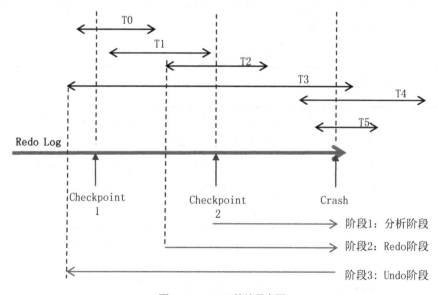

图 6-14 ARIES 算法示意图

ARIES 算法分为三个阶段：

（1）阶段 1：分析阶段

分析阶段，要解决两个核心问题。

第一，确定哪些数据页是脏页，为阶段 2 的 Redo 做准备。发生宕机时，虽然 T0、T1、T2 已经提交了，但只是 Redo Log 在磁盘上，其对应的数据 Page 是否已经刷到磁盘上不得而知。如何找出从 Checkpoint 到 Crash 之前，所有未刷盘的 Page 呢？

第二，确定哪些事务未提交，为阶段 3 的 Undo 做准备。未提交事务的日志也写入了 Redo Log。对应到此图，就是 T3、T4、T5 的部分日志也在 Redo Log 中。如何判断出 T3、T4、T5 未提交，然后对其回滚呢？

这就要谈到 ARIES 的 Checkpoint 机制。Checkpoint 是每隔一段时间对内存中的数据拍一个"快照"，或者说把内存中的数据"一次性"地刷到磁盘上去。但实际上这做不到！因为在把内存中所有的脏页往磁盘上刷的时候，数据库还在不断地接受客户端的请求，这些脏页一直在更新。除非把系统阻塞住，不再接受前端的请求，这时 Redo Log 也不再增长，然后一次性把所有的脏页刷到磁盘中，叫作 Sharp Checkpoint。

Sharp Checkpoint 的应用场景很狭窄，因为系统不可能停下来，所以用的更多的是 Fuzzy Checkpoint，具体怎么做呢？

在内存中，维护了两个关键的表：活跃事务表（表 6-10）和脏页表（表 6-11）。

活跃事务表是当前所有未提交事务的集合，每个事务维护了一个关键变量 lastLSN，是该事务产生的日志中最后一条日志的 LSN。

表 6-10　活跃事务表

tx_id	lastLSN

脏页表是当前所有未刷到磁盘上的 Page 的集合（包括了已提交的事务和未提交的事务），recoveryLSN 是导致该 Page 为脏页的最早的 LSN。比如一个 Page 本来是 clean 的（内存和磁盘上数据一致），然后事务 1 修改了它，对应的 LSN 是 LSN1；之后事务 2、事务 3 又修改了它，对应的 LSN 分别是 LSN2、LSN3，这里 recoveryLSN 取的就是 LSN1。

表 6-11　脏页表

page_no	recoveryLSN

所谓的 Fuzzy Checkpoint，就是对这两个关键表做了一个 Checkpoint，而不是对数据本身做 Checkpoint。这点非常巧妙！因为 Page 本身很多、数据量大，但这两个表记录的全是 ID，数据

量很小，很容易备份。

所以，每一次 Fuzzy Checkpoint，就把两个表的数据生成一个快照，形成一条 Checkpoint 日志，记入 Redo Log。

基于这两个关键表，可以求取两个问题：

问题（1）：求取 Crash 的时候，未提交事务的集合。

以图 6-14 为例，在最近的一次 Checkpoint 2 时候，未提交事务集合是{T2，T3}，此时还没有 T4、T5。从此处开始，遍历 Redo Log 到末尾。

在遍历的过程中，首先遇到了 T2 的结束标识，把 T2 从集合中移除，剩下{T3}；

之后遇到了事务 T4 的开始标识，把 T4 加入集合，集合变为{T3，T4}；

之后遇到了事务 T5 的开始标识，把 T5 加入集合，集合变为{T3，T4，T5}。

最终直到末尾，没有遇到{T3，T4，T5}的结束标识，所以未提交事务是{T3，T4，T5}。

图 6-15 展示了事务的开始标识、结束标识以及 Checkpoint 在 Redo Log 中的排列位置。其中的 S 表示 Start transaction，事务开始的日志记录；C 表示 Commit，事务结束的日志记录。每隔一段时间，做一次 Checkpoint，会插入一条 Checkpoint 日志。Checkpoint 日志记录了 Checkpoint 时所对应的活跃事务的列表和脏页列表（脏页列表在图中未展示）。

问题（2）：求取 Crash 的时候，所有未刷盘的脏页集合。

假设在 Checkpoint2 的时候，脏页的集合是{P1，P2}。从 Checkpoint 开始，一直遍历到 Redo Log 末尾，一旦遇到 Redo Log 操作的是新的 Page，就把它加入脏页集合，最终结果可能是{P1，P2，P3，P4}。

这里有个关键点：从 Checkpoint2 到 Crash，这个集合会只增不减。可能 P1、P2 在 Checkpoint 之后已经不是脏页了，但把它认为是脏页也没关系，因为 Redo Log 是幂等的。

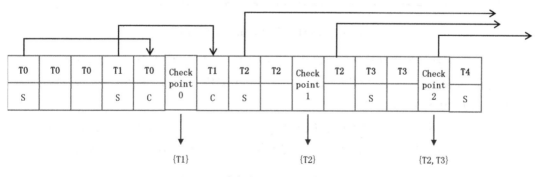

图 6-15　事务在 Redo Log 上排列示意图

（2）阶段 2：进行 Redo

假设最后求出来的脏页集合是{P1，P2，P3，P4，P5}。在这个集合中，可能都是真的脏页，也可能是已经刷盘了。取集合中所有脏页的 recoveryLSN 的最小值，得到 firstLSN。从 firstLSN 遍历 Redo Log 到末尾，把每条 Redo Log 对应的 Page 全部重刷一次磁盘。

关键是如何做幂等？磁盘上的每个 Page 有一个关键字段——pageLSN。这个 LSN 记录的是这个 Page 刷盘时最后一次修改它的日志对应的 LSN。如果重放日志的时候，日志的 LSN <= pageLSN，则不修改日志对应的 Page，略过此条日志。

如图 6-16 所示，Page1 被多个事务先后修改了三次，在 Redo Log 的时间线上，分别对应的日志的 LSN 为 600、900、1000。当前在内存中，Page1 的 pageLSN = 1000（最新的值），因为还没来得及刷盘，所以磁盘中 Page1 的 pageLSN = 900（上一次的值）。现在，宕机重启，从 LSN=600 的地方开始重放，从磁盘上读出来 pageLSN = 900，所以前两条日志会直接过滤掉，只有 LSN = 1000 的这条日志对应的修改操作，会被作用到 Page1 中。

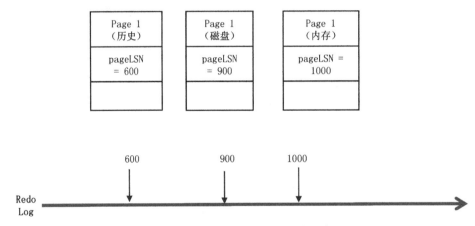

图 6-16 pageLSN 实现 Redo Log 幂等示意图

这点与 TCP 在接收端对数据包的判重有异曲同工之妙！在 TCP 中，是对发送的数据包从小到大编号（seq number），这里是对所有日志从小到大编号（LSN），接收的一方发现收到的日志编号比之前的还要小，就说明不用重做了。

有了这种判重机制，我们就实现了 Redo Log 重放时的幂等。从而可以从 firstLSN 开始，将所有日志全部重放一遍，这里面包含了已提交事务和未提交事务的日志，也包含对应的脏页或者干净的页。

Redo 完成后，就保证了所有的脏页都成功地写入到了磁盘，干净页也可能重新写入了一次。并且未提交事务 T3、T4、T5 对应的 Page 数据也写入了磁盘。接下来，就是要对 T3、T4、T5 回滚。

（3）阶段 3：进行 Undo

在阶段 1，我们已经找出了未提交事务集合{T3，T4，T5}。从最后一条日志逆向遍历，因为每条日志都有一个 prevLSN 字段，所以可以沿着 T3、T4、T5 各自的日志链一直回溯，最终直到 T3 的第一条日志。

所谓的 Undo，是指每遇到一条属于 T3、T4、T5 的 Log，就生成一条逆向的 SQL 语句来执行，其执行对应的 Redo Log 是 Compensation Log Record（CLR），会在 Redo Log 尾部继续追加。所以对于 Redo Log 来说，其实不存在所谓的"回滚"，全部是正向的 Commit，日志只会追加，不会执行"物理截断"之类的操作。

要生成逆向的 SQL 语句，需要记录对应的历史版本数据，这点将在分析 Undo Log 的时候详细解释。

这里要注意的是：Redo 的起点位置和 Undo 的起点位置并没有必然的先后关系，图中画的是 Undo 的起点位置小于 Redo 的起点位置，但实际也可以反过来。以为 Redo 对应的是所有脏页的最小 LSN，Undo 对应的是所有未提交事务的起始 LSN，两者不是同一个维度的概念。

在进行 Undo 操作的时候，还可能会遇到一个问题，回滚到一半，宕机，重启，再回滚，要进行"回滚的回滚"。

如图 6-17 所示，假设要回滚一个未提交的事务 T，其有三条日志 LSN 分别为 600、900、1000。第一次宕机重启，首先对 LSN=1000 进行回滚，生成对应的 LSN=1200 的日志，这条日志里会有一个字段叫作 UndoNxtLSN，记录的是其对应的被回滚的日志的前一条日志，即 UndoNxtLSN = 900。这样当再一次宕机重启时，遇到 LSN=1200 的 CLR，首先会忽略这条日志；然后看到 UndoNxtLSN = 900，会定位到 LSN=900 的日志，为其生成对应的 CLR 日志 LSN=1600；然后继续回滚，LSN=1700 的日志，回滚的是 LSN=600。

这样，不管出现几次宕机，重启后最终都能保证回滚日志和之前的日志一一对应，不会出现"回滚嵌套"问题。

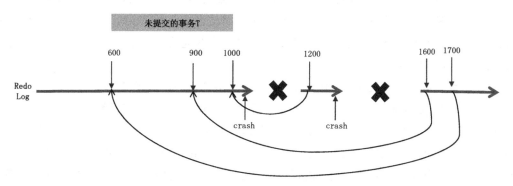

图 6-17　回滚过程中出现宕机后再次重启回滚

到此为止，已经对事务的 A（原子性）和 D（持久性）有了一个全面的理解，接下来将讨论 I 的实现。在此先对 **Redo Log 做一个总结：**

- 一个事务对应多条 Redo Log，事务的 Redo Log 不是连续存储的。
- Redo Log 不保证事务的原子性，而是保证了持久性。无论提交的，还是未提交事务的日志，都会进入 Redo Log。从而使得 Redo Log 回放完毕，数据库就恢复到宕机之前的状态，称为 Repeating History。
- 同时，把未提交的事务挑出来并回滚。回滚通过 Checkpoint 记录的"活跃事务表"+ 每个事务日志中的开始/结束标记 + Undo Log 来实现。
- Redo Log 具有幂等性，通过每个 Page 里面的 pageLSN 实现。
- 无论是提交的、还是未提交的事务，其对应的 Page 数据都可能被刷到了磁盘中。未提交的事务对应的 Page 数据，在宕机重启后会回滚。
- 事务不存在"物理回滚"，所有的回滚操作都被转化成了 Commit。

6.6 事务实现原理之 2：Undo Log

6.6.1 Undo Log 是否一定需要

说到 Undo Log，很多人想到的只是"事务回滚"。"事务回滚"有四种场景：

场景 1：人为回滚。事务执行到一半时发生异常，客户端调用回滚，通知数据库回滚，数据库回滚成功。

场景 2：宕机回滚。事务执行到一半时数据库宕机，重启，需要回滚。

场景 3：人为回滚 + 宕机回滚。客户端调用回滚，数据库开始回滚数据，回滚到一半时数据库宕机，重启，继续回滚。

场景 4：宕机回滚 + 宕机回滚。宕机重启，在回滚的过程中再次宕机。

对于这四种场景的解决方法，在上文的 ARIES 算法已经给出了答案，其中要用到 Redo 和 Undo Log。这里扩展一下，除了 ARIES 算法，是否还有其他的方法可以做事务回滚？或者说，Undo Log 是否一定需要？

回滚，就是取消已经执行的操作。无论从物理上取消，还是从逻辑上取消，只要能达到目的即可。假设 Page 数据都在内存里面，每个事务执行，都只在内存中修改数据，必须等到事务 Commit 之后写完 Redo Log，再把 Page 数据刷盘。在这种策略下，不需要 Undo Log 也能实现数据回滚！因为在这种数据刷盘策略下，正好利用了"内存断电消失"的特性，磁盘上存储的全部是已经提交的数据，宕机重启，内存中还未完成的事务自然被一笔勾销了！在这种策略之下，未提交的事务不会进入 Redo Log；未提交的事务，也不会刷盘，全都在内存里面。

把这个展开，就是 Page 数据刷盘的四种策略，如表 6-12 所示。下面对这四种策略进行详细分析：

表 6-12　Page 数据刷盘的四种策略

	No Steal	Steal
Force	最简单 （不需要 Log）	Undo Log
No Force	Redo Log	最需要的 （Redo Log + Undo Log）

No Steal 和 Steal：指未提交的事务是否可以写入磁盘中？No Steal 是未提交的事务不能写入磁盘，只能在内存中操作，等到事务提交完，再把数据一次性写入；Steal 是指未提交的事务也能写入，如果事务需要回滚，再更改磁盘上的数据。

No Force 和 Force：是指已经提交的事务是否必须写入磁盘？No Force 是指已经提交的事务可以保留在内存里，暂时不用写入磁盘；Force 是指已经提交的事务必须强制写入磁盘。

策略 1：Force 和 No Steal。已经提交的事务必须强制写入磁盘，未提交的事务，只能保留在内存里，等事务提交后再写入磁盘，这种策略不需要 Redo Log 和 Undo Log，仅靠数据本身就能实现原子性和持久性。但很显然不可行，未提交的事务不能写入磁盘，这还可以接受；已提交的事务必须强制写入磁盘，这需要多次 I/O，性能会受影响，所以才有了 Redo Log。

策略 2：No Force 和 No Steal。已提交的事务可以不立即写入磁盘，未提交的事务只能保留在内存里。在这个策略下，只需要 Redo Log 即可，因为有"内存断电消失"这个天然特性。

策略 3：Force/Steal。已提交的事务立即写入磁盘，未提交的事务也立即写入磁盘。这种只需要 Undo Log 回滚宕机时未提交的事务，不需要 Redo Log。但和策略 1 一样，显然不可行，多次 I/O 的性能会受影响。

策略 4：No Force/Steal。第 4 种策略是我们最想要的，也是 InnoDB 实现的策略。就是已经提交的事务可以不立即写入磁盘；未提交的事务可以立即写入磁盘，也可以延迟写入磁盘！再通俗一点，无论事务是否提交，既可以立即写入磁盘，也可以不写，写入磁盘时机任意，想什么时候写就什么时候写。

策略 1 和策略 3 因为性能问题不能接受，所以必须要有 Redo Log。而策略 4 和策略 2 都可以接受，但策略 4 比策略 2 好的地方在于提高了 I/O 效率。因为事务没有提交，就开始写入磁盘，等到提交事务的时候，要写入磁盘的数据量会小，不然要把所有数据都累积到事务提交时再一次性写入磁盘。

也正是因为现代的数据库用的都是第 4 种，是最灵活的一种数据刷盘策略。在这种策略下，为了实现事务的原子性和持久性，才有了如此复杂的 Redo Log 和 Undo Log 机制，才有了上面的 ARIES 算法。

除了在宕机恢复时对未提交的事务进行回滚，Undo Log 还有两个核心作用：

1）实现 ACID 中 I（隔离性）。

2）高并发。

6.6.2　Undo Log（MVCC）

在多线程编程中，读写的并发问题有三种策略，如表 6-13 所示。

表 6-13　并发读写的三种策略

策　　略	解　　释
互斥锁	一个数据对象上面只有一把锁，任何时候只要一个线程拿到该锁，其他线程就会阻塞，这意味着： ● 写和写互斥 ● 写和读互斥 ● 读和读互斥
读写锁	一个数据对象上面有一把锁，但有两个视图，读和写可以做到： ● 写和写互斥 ● 写和读互斥 但读和读可以并发
CopyOnWrite	写的时候，把该数据对象拷贝一份，等写完之后，再把数据对象的指针（引用）一次性赋值回去，读的时候读取原始数据。这意味着： ● 读和读可以并发 ● 读和写可以并发 ● 写和写理论上也可以并发

在 JDK 的 JUC 代码中，有 CopyOnWriteArrayList 和 CopyOnWriteArraySet 两个类，有兴趣的读者可以阅读源码来理解 CopyOnWrite 的思想。

对比上面表格的三种并发策略可以知道，从上到下，并发度越来越高。而 InnoDB 用的就是 CopyOnWrite 思想，是在 Undo Log 里面实现的。每个事务修改记录之前，都会先把该记录拷贝一份出来，拷贝出来的这个备份存在 Undo Log 里。因为事务有唯一的编号 ID，ID 从小到大递增，每一次修改，就是一个版本，因此 Undo Log 维护了数据的从旧到新的每个版本，各个版本之间的记录通过链表串联。

也正因为每条记录都有多版本，才很容易实现事务 ACID 属性中的 I（隔离性）。事务要并发，多个事务要读写同一条记录，为了实现第二个、第三个隔离级别，就不能让事务读取到正在修改的数据，而只能读取历史版本。

也正因为有了 MVCC 这种特性，通常的 select 语句都是不加锁的，读取的全部是数据的历史版本,从而支撑高并发的查询。这种读,专业术语叫作"快照读",与之相对应的是"当前读"。表 6-14 列举了快照读和当前读对应的 SQL 语句,快照读就是最常用的 select 语句,当前读包括了加锁的 select 语句和 insert/update/delete 语句。

表 6-14　快照读与当前读对应的 SQL 语句

类　　型	语句
快照读	select xxx from xxx
当前读	(1) select xxx from xxx for update
	(2) select xxx from xxx lock in share mode
	(3) insert/update/delete 语句

6.6.3　Undo Log 不是 Log

了解 Undo Log 的功能后,进一步来看 Undo Log 的结构。其实 Undo Log 这个词有很大的迷惑性,它其实不是 Log,而是数据。为什么这么说?

1)Undo Log 并不像 Redo Log 一样按照 LSN 的编号,从小到大依次执行 append 操作。Undo Log 其实没有顺序,多个事务是并行地向 Undo Log 中随机写入的。

2)一个事务一旦 Commit 之后,数据就"固化"了,固化之后不可能再回滚。这意味着 Undo Log 只在事务 Commit 过程中有用,一旦事务 Commit 了,就可以删掉 Undo Log。具体来说:

对于 insert 记录,没有历史版本数据,因此 insert 的 Undo Log 只记录了该记录的主键 ID,当事务提交之后,该 Undo Log 就可以删除了;

对于 update/delete 记录,因为 MVCC 的存在,其历史版本数据可能还被当前未提交的其他事务所引用,一旦未提交的事务提交了,其对应的 Undo Log 也就可以删除了。

所以,更应该把 Undo Log 叫作记录的"备份数据",即在事务未提交之前的时间里的"备份数据"!提交事务后,没有其他事务引用历史版本了,就可以删除了。

下面来看这个"备份数据"是怎么操作的。如图 6-18 所示,Page 中的每条记录,除了自身的主键 ID 和数据外,还有两个隐藏字段:一个是修改该记录的事务 ID,一个是 rollback_ptr,用来串联所有的历史版本。假设该记录被 tx_id 为 68、80、90、100 的四个事务修改了四次,该数据就有四个版本,通过 rollback_ptr 从新到旧串联起来。

然后,三个历史版本分别被其他不同的事务读取。为什么会出现不同的事务读取到不同的版本呢?因为 T1、T2 最先,此时历史版本 3 是最新的,还没有历史版本 1、2;之后该记录被修改,产生了历史版本 2,然后出现了 T3;之后该记录又被修改,产生了历史版本 1,然后出现了 T4。每个事务读取的都是这个事务执行时最新的历史版本。

这些历史版本什么时候可以删除呢？在 T1、T2 提交之后，历史版本 3 就可以删除了；在 T3 提交之后，历史版本 2 就可以删除了，依此类推。

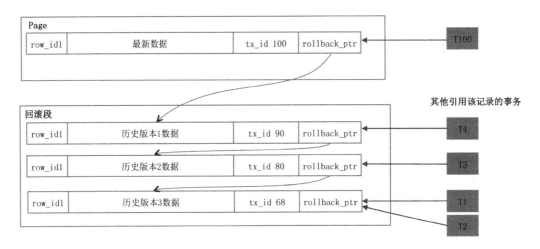

图 6-18　Undo Log 逻辑结构

⚠️ **注意**：在这里有一个专业名词，叫"回滚段"，很多描述 Undo Log 的文章花大篇幅描述它。但本书作者不想解释这个名词，因为它不仅不会帮助我们对原理的理解，还会把简单问题复杂化。说得通俗一点，就是修改记录之前先把记录拷贝一份出来，然后拷贝出来的这些历史版本形成一个链表，仅此而已。

6.6.4　Undo Log 与 Redo Log 的关联

Undo Log 本身也要写入磁盘，但一个事务修改多条记录，产生多条 Undo Log，不可能同步写入磁盘，所以遇到了开篇讲 Write-Ahead 时的问题。如何解决 Undo Log 需要多次写入磁盘的效率问题呢？

Redo Log 记录的是对数据的修改，凡是对数据的修改，都必须记入 Redo Log。可以把 Undo Log 也当作数据！在内存中记录 Undo Log，异步地刷盘，宕机重启，用 Redo Log 恢复 Undo Log。

拿一个事务来举例：

```
start transaction
  update 表 1 某行记录
  delete 表 1 某行记录
  insert 表 2 某行记录
commit
```

把 Undo Log 和 Redo Log 加进去，此事务类似下面伪代码所示：

```
start transaction
  写 Undo Log1：备份该行数据（update）
  update 表 1 某行记录
  写 Redo Log1
  Undo Log2：备份该行数据（insert）
  delete 表 1 某行记录
  写 Redo Log2
  Undo Log3：该行的主键 ID（delete）
  insert 表 2 某行记录
写 Redo Log3
commit
```

在这里，所有 Undo Log 和 Redo Log 的写入都可以只在内存中进行，只要保证 Commit 之后 Redo Log 落盘即可，Undo Log 可以一直保留在内存里，之后异步刷盘。

6.6.5　各种锁

MVCC 解决了快照读和写之间的并发问题，但对于写和写之间、当前读和写之间的并发，MVCC 就无能为力了，这时就需要用到锁。

在 MySQL 官方文档中，介绍了 InnoDB 中的 7 种锁：

1）共享锁（S 锁）与排他锁（X 锁）。

2）意向锁（Intention Locks）。

3）记录锁（Record Locks）。

4）间隙锁（Gap Locks）。

5）临键锁（Next-Key Locks）。

6）插入意向锁（Insert Intention Locks）。

7）自增锁（Auto-inc Locks）。

但这种分类方法很容易让人迷惑，因为这 7 种锁并不是同一个维度上，比如记录锁可能是共享锁，也可能是排他锁；间隙锁也可能是共享锁或者排他锁；还有表上面的共享锁、排他锁，在这 7 个分类中也未包含。

所以，接下来将采取一种多维度、更全面的分类方法，梳理出 InnoDB 中涉及的所有锁。

按锁的粒度来分，可分为锁表、锁行、锁一个 Gap（一个范围）；

按锁的模式来分，可分为共享、排他、意向等；

两个维度叉乘，会形成表 6-15 所示的各种锁，但这两个维度并不是完全正交的，有部分重叠，下面再展开详细讨论。

表 6-15　锁的两个维度正交叉乘

粒度 模式	锁　表	锁　行	锁范围
共享（S）	表共享锁	行共享锁	Gap、Next-Key、Insert Intention
排他（X）	表排他锁	行排他锁	Lock
意向共享（IS）	表意向共享锁	×	
意向排他（IX）	表意向排他锁	×	
AI（Auto-inc Locks）	自增锁	×	

1．表（S 锁、X 锁）、行（S 锁、X 锁）

共享锁（S）和排他锁（X）是读写锁的另外一种叫法，共享锁即"读锁"，读和读之间可以并发；排他锁就是写锁，读和写之间不能并发，写和写之间也不能并发。

InnoDB 通常加锁的粒度是行，所以有对应的行共享锁、行排他锁，但有些场景会在表这个粒度加锁，比如 DDL 语句。

表和行两个粒度的共享锁、排他锁都比较容易理解，而下面要讨论的意向锁、自增锁、Gap 锁、插入意向锁等，需要结合特定的场景才能知道其用途。

2．意向锁（IS 锁、IX 锁）

有了共享锁和排他锁，为什么还会有"意向锁"呢？假设事务 A 给表中的某一行记录加了一行排他锁，现在事务 B 要给整张表加表排他锁，事务 B 应该怎么处理呢？显然事务 B 加锁不会成功，因为表中的某一行正在被 A 修改。但事务 B 要做出这个判断，它需要遍历表中的每一行，看是否被加了锁，只要有任何一行加了行排他锁，就意味着整个表加了表排他锁。

很显然这种判断方法的效率太低，而意向锁就是为了解决这个锁的判断效率问题产生的。意向锁是专门加在表上，在行上面没有意向锁。一个事务 A 要给某张表加一个意向 S 锁，是"暗示"接下来要给表中的某一行加行 S 锁；一个事务 A 要给某种表加一个意向 X 锁，是"暗示"接下来要给表中的某一行加行 X 锁。反过来说，一个事务要给某张表的某一行加 S 锁，必须先获得整张表的 IS 锁；要给某张表的某一行加 X 锁，必须先获得整张表的 IX 锁。

有了这种"暗示"，事务 B 要给整张表加表排他锁，就不用遍历所有记录了。只要看一下这张表有没有被其他事务加 IX 锁或者 IS 锁，就能做出判断。也正因为是"暗示"，是一种很"弱"的互斥条件，所以所有的 IX 锁、IS 锁之间都不互斥，IX 锁、IS 锁只是为了和表共享锁、表排他锁进行互斥。最终得到了表 6-16 所示的表级别的各种锁之间的相容性矩阵。

表 6-16　表级别的各种锁之间的相容性矩阵

	IS	IX	S	X	AI
IS	√	√	√	×	√

续表

	IS	IX	S	X	AI
IX	√	√	×	×	√
S	√	×	√	×	×
X	×	×	×	×	×
AI	√	√	×	×	×

⚠️ **注意**：表 6-16 中的 S、X 指的都是表级别，而不是行级别的。通过上面的分析也可看出，意向锁实际上是表（共享锁、排他锁）和行（共享锁、排他锁）之间的桥梁，通过意向锁来串起两个不同粒度（表、行）的锁之间如何做互斥判断。

3．AI（Auto-inc Locks）

自增锁是一种表级别的锁，专门针对 AUTO_INCREMENT 的列。为什么会需要这种锁呢？看下面的事务：

```
start_transaction
    insert t1 valus(xxx,xxx,xx)
    insert t1 values(xx, xx, xx)
    select xxx from t1 where xxx
commit
```

假设表 t1 中有某一列是自增的，连续 insert 两条记录，再 select 出来，自增的一列的取值应该也是连续的，比如第一次 insert 该自增列的取值是 6，则第二次 insert 该自增列的取值应该是 7；但如果不加 AI 锁，可能别的事务会在这两条 insert 中间插入一条记录，那么该事务第二次 insert 的记录的自增列取值可能就不是 7，而是 8。然后 select 出来后，一条记录的自增列取值是 6，另一条是 8，对于该事务来说很奇怪，明明连续插入了两条，自增列却不是连续递增，不符合 AUTO_INCREMENT 原则。

4．间隙锁（Gap Lock）、临键锁（Next-Key Lock）和插入意向锁（Insert Intension Lock）

除锁表、锁行两种粒度外，还有第三种：锁范围，或者叫锁 Gap。锁 Gap 是和锁行密切相关的，Gap 肯定建立在某一行的基准之上，所以往往又把锁 Gap 当作锁行的不同算法来看待：

（1）**间隙锁（Gap Lock）**。只是锁一个范围，不包括记录本身，也是一个开区间，目的是避免另外一个事务在这个区间上插入新记录。

（2）**临键锁（Next-Key Lock）**。Gap Lock 与 Record Lock 的综合不仅锁记录，也锁记录之前的范围。

（3）**插入意向锁（Insert Intension Lock）**。插入意向锁也是一种 Gap 锁，专门针对 Insert

操作。多个事务在同一索引、同一个范围区间内可以并发插入，即插入意向锁之间并不互相阻碍。

锁 Gap 的各种算法实际很复杂，需要结合 InnoDB 源码仔细分析。这里主要说明两点：

第一，是否加 Gap 锁和事务隔离级别密切相关。所以要锁 Gap，一个主要目的是避免幻读。如果事务的隔离级别是 RC，则允许幻读，不需要锁范围。

第二，锁 Gap 往往针对非唯一索引，如果是主键索引，或者非主键索引（但是唯一索引），每次修改可以明确地定位到哪一条或者哪几条记录，也不需要锁 Gap。

具体到不同类型的 SQL 语句、不同的事务并发场景、不同的事务隔离级别、不同的索引类型，加的锁都可能不一样。在实践中，还要借助数据库的分析工具查看写的 SQL 语句到底被加了什么锁，而不能武断地推测。

> 总结一下事务的几个特性的实现原理：
>
> 通过 Undo Log + Redo Log 实现事务的 A（原子性）和 D（持久性）；
>
> 通过"MVCC + 锁"实现了事务的 I（隔离性）和并发性。

6.7 Binlog 与主从复制

6.7.1 Binlog 与 Redo Log 的主要差异

在 MySQL 中，Redo Log 记录事务执行的日志，Binlog 也记录日志，但两者有非常大的差别。首先，MySQL 是一个能支持多种存储引擎的数据库，InnoDB 只是其中一种（当然，也是最主要的一种）。Redo Log 和 Undo Log 是 InnoDB 引擎里面的工具，但 Binlog 是 MySQL 层面的东西。

不同于 Redo Log 和 Undo Log 用来实现事务，Binlog 的主要作用是做主从复制，如果是单机版的，没有主从复制，也可以不写 Binlog。当然，在互联网应用中，Binlog 有了第二个用途：一个应用进程把自己伪装成 Slave，监听 Master 的 Binlog，然后把数据库的变更以消息的形式抛出来，业务系统可以消费消息，执行对应的业务逻辑操作，比如更新缓存。大型互联网公司都有这方面的中间件，比如阿里开源的 Canal，国外也有几种开源的，比如 Databus。

同 Redo Log 一样，Binlog 也存在一个刷盘策略问题，由参数 sync_binlog 控制，该参数有三个取值：

0：事务提交之后不主动刷盘，依靠操作系统自身的刷盘机制可能会丢失数据。

1：每提交一个事务，刷一次磁盘。

n：每提交 n 个事务，刷一次磁盘。

显然，0 和 n 都不安全。为了不丢失数据，一般都建议双 1 保证，即 sync_binlog 和 innodb_flush_log_at_trx_commit 的值都取为 1。

知道 Binlog 的概况后，下面对 Binlog 和 Redo Log 做一个详细的对比，如表 6-17 所示。

表 6-17　Binlog 与 Redo Log 的详细对比

差异点	Redo Log	Binlog
（1）日志格式	Physiological	逻辑日志
（2）同一个事务的日志是否连续	否	是
（3）是否可以并发写入	是	否
（4）未提交的事务日志是否写入	是	否
（5）已回滚的事务日志是否写入	是	否

从表中可以看出，Binlog 要比 Redo Log 简单得多，在不发生宕机的情况下，未提交的事务、回滚的事务，其日志都不会进入 Binlog（对于 Binlog 写到一半时宕机的场景，下面再讨论）。

同时，事务的日志在 Binlog 中是连续排列的，等到事务提交的"一刹那"，把该事务的所有日志都写盘。连续排列会造成一个问题：Binlog 全局只有一份，每个事务都要串行地写入，这意味着每个事务在写 Binlog 之前要拿一把全局的锁，才能保证每个事务的 Binlog 是连续写入的，这在效率上存在很大问题。因此，在 MySQL 5.6 的 Group Commit 出现之前，各种第三方在优化这类问题。Group Commit 的思想也很简单，就是 pipeline（HTTP 1.1 是同样的思路；Kafka 的主从复制也是同样的思路，后面讲高并发时，还会再专门讨论该问题）。虽然 Binlog 只能串行地写入，但不需要提交一个事务刷一次磁盘，而是把事务的提交和刷盘放到不同的线程里，刷盘时可以对多个提交的事务同时刷盘，虽然还是串行，但是批量化了。

6.7.2　内部 XA – Binlog 与 Redo Log 一致性问题

一个事务的提交既要写 Binlog，也要写 Redo Log，如何保证两份日志数据的原子性？一个写成功，写另外一个的时候发生宕机，重启如何处理？

在讨论这个问题之前，先说一下 Binlog 自身写入的原子性问题：Binlog 刷盘到一半，出现宕机。这个问题和前面讲 Redo Log 的写入原子性是同样的问题，通过类似于 Checksum 的办法或者 Binlog 中有结束标记，来判断出这是部分的、不完整的 Binlog，把最后一段截掉。对于客户端来说，此时宕机，事务肯定是没有成功提交的，所以以截掉也没有问题。

下面来讲如何实现 Binlog 和 Redo Log 的数据一致性，即内部 XA，或者叫内部的分布式事务问题。外部分布式事务是两个系统或者两个数据库之间的，这点在后面的事务一致性中会专门论述；内部分布式事务是 Binlog 和 Redo Log 之间的事务，使用的是经典的 2 阶段提交方案（2PC，2 Phase Commit）。

图 6-19 展示了一个事务的 2 阶段提交过程，下面详细分析整个提交过程。

阶段 1：InnoDB 的 Prepare，是在把事务提交之前，对应的 Redo Log 和 Undo Log 全部都写入了。Binlog 也已经写入到内存，只等刷盘。

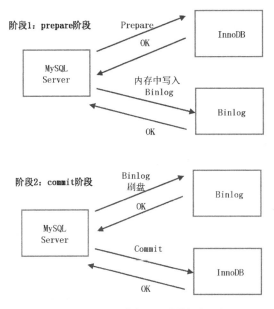

图 6-19　内部 XA（事务的 2 阶段提交过程）

阶段 2：收到客户端的 Commit 指令，先刷盘 Binlog，然后让 InnoDB 执行 Commit。

2PC 的一个显著特点是，在阶段 1 就把 90% 以上的工作全部做完了，就等阶段 2 的收尾。所以在阶段 2 收到客户端的 Commit 指令后，只要不宕机，事务就能成功提交。但如果发生宕机，如何恢复？

首先，整个过程以 Binlog 的刷盘来判定一个事务是否被成功提交，即以 Binlog 为准，让 Redo Log 向 Binlog "靠齐"。具体分为下面几种场景：

场景（1）：在阶段 1 宕机，此时 Binlog 全在内存中，宕机消失。Redo Log 记录了未提交的日志。不需要依赖 Binlog，Redo Log 自己可以回滚未提交的日志。这点前面已介绍过。

场景（2）：阶段 2 宕机，Binlog 写了一半，InnoDB Commit 还未执行。对 Binlog 做截断，对 Redo log 做回滚，处理方法与场景（1）一样。

场景（3）：Binlog 写入成功，InnoDB 未提交。此时遍历 Binlog，Binlog 中存在、InnoDB 中不存在的事务，发起 Commit 操作。

6.7.3　三种主从复制方式

表 6-18 列举了 MySQL 的三种主从复制方式。对于异步复制，可能会丢数据，Master 宕机了，切换到 Slave，此时 Slave 上没有最新的数据。所以很多时候大家用的是半同步复制。

不是半同步复制就不会丢数据呢？不是的。半同步复制可能退化为异步复制。因为 Master 不可能无限期地等 Slave，当超过某个时间，Slave 还没有回复 ACK 时，Master 就会切换为异步复制模式。

另外，还有一个参数 rpl_semi_sync_master_wait_slave_count，可以设置在半同步复制模式下，需要等待几个 Slave 的 ACK，才认为事务提交成功。默认是 1，即多个 Slave 中只要有其中一个返回了，Master 就会向客户端返回事务提交成功。

表 6-18　MySQL 的三种主从复制方式

复制方式	解　　释
同步复制	待所有的 Slave 都接收到 Binlog，并且接收完，Master 才认为事务提交成功，再对客户端返回 最安全，但性能没法忍受，一般不会用
异步复制	只要 Master 事务提交成功，就对客户端返回成功。后台线程异步地把 Binlog 同步给 Slave，然后 Slave 回放 Binlog。虽然最快，但可能丢失数据
半同步复制	Master 事务提交，同时把 Binlog 同步给 Slave，只要部分 Slave 接收到了 Binlog（Slave 的数量可以设置），就认为事务提交成功，对客户端返回

从上面的介绍可以看出，无论异步复制，还是半异步复制（可能退化为异步复制），都可能在主从切换的时候丢数据。业务一般的做法是牺牲一致性来换取高可用性，即在 Master 宕机后切换到 Slave，忍受少量的数据丢失，后续再人工修复。

但如果主从复制的延迟太大，切换到 Slave，丢失数据太多，也难以接受。为了降低主从复制的延迟，业界的前辈们想了很多的办法，这就是下面要讲的并行复制，在跨机房的情况下，尤其必要。

6.7.4　并行复制

图 6-20 展示了原生的 MySQL 主从复制的原理，分为两个阶段：

阶段 1：把 Master 中的 Binlog 搬运到 Slave 上面，形成 RelayLog。在这个搬运过程中，Master 和 Slave 两边各有一个线程，Master 上面的叫 dump thread，Slave 上面的叫 I/O thread。

阶段 2：Slave 把 RelayLog 回放到数据库，通过一个叫作 SQL thread 的线程执行。

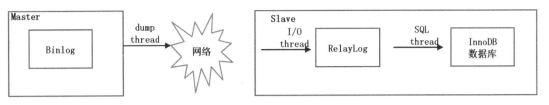

图 6-20　原生的 MySQL 主从复制的原理

可见，整个复制过程无论 Log 的传输过程，还是回放过程，都是单线程的。而并行复制，就是把回放环节并行化了，如图 6-21 所示。

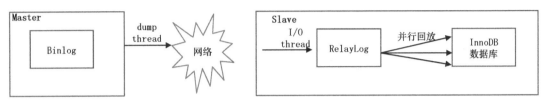

图 6-21　并行复制

所谓的并行复制，准确说是并行回放，因为传输环节还是单线程的。之所以传输环节没有用多线程，主要是因为没有必要。一个原因是在回放环节，而不在传输环节；另外一个原因是Binlog 本身是全局有序的，如果用多线程传输，还要重新排序和重组，可能得不偿失。

而并行回放的难点在于事务的并行提交。Binlog 本身是全局只有一份，同一个 MySQL 的实例，不同库、不同表的事务 Binlog 都串行地排列。所谓并行回放，就是一次性从 RelayLog中拿出多个事务，并行地执行。这就涉及什么样的事务能并行，什么样的事务不能并行。大的来说，有两类并发策略：

第一类：按数据维度并行。

从粗到细，三个粒度：不同库的事务可以并行，不同表的事务可以并行，不同行的事务可以并行。当然实际没有那么简单，因为一个事务可能修改多个库的多个表的多条记录，以表的粒度为例，事务 1 修改了记录 1、2，事务 2 修改了记录 2、3，则两个事务就无法并行了，但如果事务 1 修改的是记录 1、2，事务 2 修改的是记录 3、4，就可以并行。

第二类：按事务的提交顺序并行。

MySQL 中有 commit_id 的概念，表示哪些事务是同时提交的。什么意思呢？如果在一个事务还没有结束之前，另外一个事务也开始进入提交阶段，说明这两个事务是在并行的，它们操作的是肯定是不同的数据记录。所以，在回放的时候具有同样 commit_id 的事务可以并行。

当然，两个事务的 commit_id 不一样，不代表不能并行。commit_id 不一样，可能仅仅是因为一个事务是在另外一个事务结束之后才开始的，它们在时间上有先后顺序，但操作的数据完全不同，用第一类并发策略仍然可以并行。

　　基于 commit_id 的并行提交策略，在 MySQL 的版本迭代中也一直在不断优化，这涉及 InnoDB 的底层实现细节。此处只是介绍一个大概思路，如要深入研究，建议查看 InnoDB 实现源码。

第 7 章 | 框架、软件与中间件

随着开源运动的兴起，无论各种开发框架，还是软件、中间件，都层出不穷。可以说，在计算机的任何一个领域，在造轮子之前，开源领域都已经有了很多个类似的轮子。在这里也只能列出常用的轮子或核心的原理，没有办法一一展开分析。

7.1 对生态体系的认知

做 C++ 的程序员往往喜欢自己写系统，从底到上全部自己写；做 Java 的程序员往往喜欢用各式各样的开源框架，像搭积木一样拼出整个系统。

这两种做法各有优劣，前者的好处是逼着自己对底层的原理理解透彻，但即便理解了原理，却不代表可以做出高度成熟、方便易用、扩展性好的系统。后者省时省力，也会学到很多好的软件设计策略，但可能导致底层薄弱，除非会耐心地剖析开源代码。

毋庸置疑，对底层原理的掌握很重要，但需要强调另外一个问题：技术的生态体系。所谓生态体系，就是从底层基础设施，到运维、中间件、大数据平台，这些技术之间可以很好地衔接，比如监控系统和 RPC 中间件、消息中间件、数据库的衔接，大数据平台和业务系统之间的衔接。从而让业务开发从技术问题中解脱出来，可以更好地服务业务。技术水平高的公司，都会有自己成熟的技术体系，无论这种体系完全是自己搭建的，还是在开源的基础上修改的。

而体系往往脱离不开语言。现代的各种高级语言在语言自身的特性方面并没有很大的差异，区别主要是构建在语言的开源生态体系上。比如，因为 Java 是主流的企业级开发语言，所以在Java 之上不仅大企业构建了成熟的体系，开源界也构建了庞大的体系。

所以在自己造轮子之前，一定要对整个开源体系有一个清晰的认知，学会从开源的生态体系中吸收系统设计和实现的精华，再结合自己业务造特定的轮子，避免"闭门造车"。

7.2 框架

做 Web 开发，用得最多的是 MVC 框架。Java 中企业级的 J2EE、开源的 SSH（Struts，Spring，Hibernate），还有 Sping MVC、MyBatis；Python 中有 Django；PHP 中有 Zend；Ruby 中有 Ruby on Rails……这些还只是传统的、经典的框架。新潮、小众的更是眼花缭乱，比如 Java 中的 Play！

Grails 等。

对于一个开发者，需要非常熟练地掌握其中至少一种框架。框架的设计往往会用到很多的设计模式，比如工厂、模板方法、责任链等。可以先熟悉官方文档，然后熟悉各种设计模式，最后跟踪其源代码，看其在一个请求的处理过程中，会经过哪些环节，对应什么模块。

熟悉一个框架之后，更多的应该是去关注它的缺点，而不是优点。更应该关注它"不能做什么"，而不是它能做什么。它不能做什么往往也正是同类型的其他框架的改进点。

另外一方面，框架设计优劣的一个重要衡量标准就是其使用的简洁性。如果一个框架的使用需要做很多的配置，写一些框架特定的、不知所云的代码，接口多并且散乱，即使这个框架功能再强大，也是一个不够好的框架。

7.3　软件与中间件

对于标准化的功能，会产生对应的开源软件和中间件。软件和中间件的定义并没有一个绝对的界限，从操作系统层面讲，都是进程和线程的集合。

只是软件更加固化，不需要开发代码，主要是安装、配置、运维，比如 Apache、Nginx、MySQL、Redis 等；中间件需要和业务代码进行结合，比如 RPC 中间件、数据库分库分表中间件，需要在业务代码中嵌入相对应的 SDK。

表 7-1 列举了在业务系统开发中常用的各种软件和中间件。

表 7-1　业务系统开发中常用的各种软件和中间件

功　　能	开源软件和中间件
网关	Nginx、HAProxy、Tengine
数据库	MySQL
缓存	Memcached、Redis、Redis Cluster
KV 存储	Tair、Pika、LevelDB、RocksLB
分布式文件系统	TFS、MogileFS
分布式消息中间件	Kakfa、RocketMQ、RabbitMQ
SOA 服务中间件	Dubbo、Pigeon、Spring Cloud
Binlog 监听中间件	Canal、Otter、Puma、Databus、RDP
分库分表中间件	MyCat、Zebra、TDDL
任务调度	Saturn、Quartz、TBSchedule
实时应用监控	Cat
搜索引擎	ES、Lucence、Solr
规则引擎	Drools
工作流引擎	jBPM、Activiti

面对如此众多的软件和中间件，我们不可能每一个都精通，但理解其基本原理则是非常必要的。因为理解了原理，既可以灵活使用，也有助于在出现问题后很好地定位并解决问题，同时也尽可能地避免遇到使用中的各种问题。

基本原理一方面是操作系统、网络通信、数据库等方面内容，还有各种设计模式；另一方面，是后面要讲到的应对分布式问题的各种策略，比如高并发、数据一致性。然后综合这两方面的内容，去理解这些中间件是如何实现的。

第 3 部分　技术架构之道

　　在最开始，作者抽象了一句话：架构是针对所有重要问题作出的重要决策。那么对于一个大型在线业务系统来说，面临的"重要技术问题"对应的解决之道就是这里要讲的"技术架构之道"。

　　本部分列出了常见的几大类重要技术问题，如高并发、高可用、稳定性、一致性，并结合大量的实际业务场景案例，给出了全面的应对策略。

第 **8** 章 | 高并发问题

8.1 问题分类

要让各式各样的业务功能与逻辑最终在计算机系统里实现，只能通过两种操作：读和写。因此，本书处理高并发问题的方法论也从这两个方面展开分析。

任何一个大型网站，不可能只有读，或者只有写，肯定是读写混合在一起的。但具体到某种业务场景，其高并发的问题，站在 C 端用户角度来看，往往侧重于读或写，或读写同时有。

下面列举几个具体的业务场景，会更容易理解。

8.1.1 侧重于"高并发读"的系统

1. 场景 1：搜索引擎

搜索引擎大家再熟悉不过，用户在百度里输入关键词，百度输出网页列表，然后用户可以一页页地往下翻。在这个过程中，用户只是"浏览"，并没有编辑和修改网页内容。

如图 8-1 所示，对于搜索引擎来说，C 端用户是"读"，网页发布者（可能是组织或者个人）是"写"。

图 8-1　搜索引擎架构

为什么说它是一个侧重于"读"的系统呢？让我们来对比读写两端的差异：

（1）数量级。 读的一端，C 端用户，是亿或数十亿数量级；写的一端，网页发布者，可能是"百万或千万"数量级。毕竟读网页的人比发布网页的人要多得多。

（2）响应时间。 读的一端通常要求在毫秒级，最差情况为 1~2s 内返回结果；写的一端可能是几分钟或几天。比如发布一篇博客，可能 5min 之后才会被搜索引擎检索到；再差一点，可能几个小时后；再差一点，可能永远都检索不到，搜索引擎并不保证发布的文章一定被检索到。

（3）频率。 读的频率远比写的频率高。这显而易见，对于一个用户来说，可能几分钟就搜索一次；但发布文章，可能几天才发一篇。

2．场景 2：电商的商品搜索

如图 8-2 所示，电商的商品搜索和搜索引擎的网页搜索类似，一个商品类比一篇网页。卖家发布商品，买家搜索商品。

图 8-2　商品搜索架构示意图

同样，读和写的差异，在其用户规模的数量级、响应时间、频率几个维度，和搜索引擎类似。

3．场景 3：电商系统的商品描述、图片和价格

商品的文字描述、图片和价格有一个显著特点：对于这些信息，C 端的买家只会看，不会编辑；B 端的卖家会修改这些信息，但其修改频率远低于 C 端买家的查询频率。

如图 8-3 表示，读和写两端的用户在数量级、响应时间、频率方面，同样有上面类似特征。

图 8-3　电商系统商品描述、图片和价格的架构示意图

8.1.2　侧重于"高并发写"的系统

以广告扣费系统为例，广告作为互联网的三大变现模式之一（另外两个是游戏和电商），对于普通用户来说并不陌生。百度的搜索结果中有广告，微博的 Feeds 流中有广告，淘宝的商品列表页中有广告，微信的朋友圈里也有广告。

这些广告通常要么按浏览付费，要么按点击付费（业界叫作 CPC 或 CPM）。具体来说，就是广告主在广告平台开通一个账号，充一笔钱进去，然后投放自己的广告。C 端用户看到了这个广告后，可能点击一次扣一块钱（CPC）；或者浏览这个广告，浏览 1000 次扣 10 块钱（CPM）。这里只是打个比方，实际操作不是价格。

这样的广告计费系统（即扣费系统）就是一个典型的"高并发写"的系统，如图8-4所示。

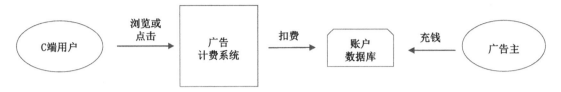

图 8-4　广告计费系统架构

1）C端用户的每一次浏览或点击，都会对广告主的账号余额进行一次扣减。

2）这种扣减要尽可能实时。如果扣慢了，广告主的账户里明明没有钱了，但广告仍然在线上播放，会造成平台流量的损失。

8.1.3　同时侧重于"高并发读"和"高并发写"的系统

1. 场景 1：电商的库存系统和秒杀系统

如图 8-5 所示，库存系统和秒杀系统的一个典型特征是：C 端用户要对数据同时进行高并发的读和写，这是它不同于商品的文字描述、图片和价格这种系统的重要之处。

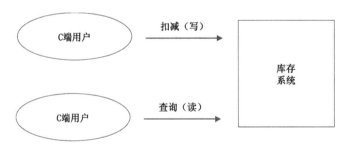

图 8-5　库存系统架构

一个商品有 100 个，用户 A 买了 1 个，用户 B 买了 1 个……大家在实时地并发扣减，这个信息要近乎实时地更新，才能保证其他用户及时地看到信息。12306 网站的火车票售卖系统也是一个典型例子，当然，它比库存的扣减更为复杂。因为一条线路，可能某个用户买了中间的某一段，剩下的部分还要分成两段继续卖。

2. 场景 2：支付系统和微信红包

如图 8-6 所示，支付系统也是读和写的高并发都发生在 C 端用户的场景，一方面用户要实时地查看自己的账号余额（这个值需要实时并且很准确），另一方面用户 A 向用户 B 转账的时候，A 账户的扣钱、B 账户的加钱也要尽可能地快。钱一类的信息很敏感，其对数据一致性的要求要比商品信息、网页信息高很多。

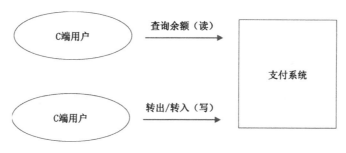

图 8-6　支付系统架构

从支付扩展到红包系统，业务场景会更复杂，一个用户发红包，多个人抢。一个人的账号发生扣减，多个人的账号加钱，并且在这个过程中还要查看哪些红包已经被抢了，哪些还没有。

3. 场景 3：IM、微博和朋友圈

如图 8-7 所示，对于 QQ、微信类的即时通信系统，C 端用户要进行消息的发送和接收；对于微博，C 端用户发微博、查看微博；对于朋友圈，C 端用户发朋友圈、查看朋友圈。

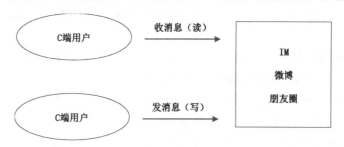

图 8-7　IM、微博和朋友圈的架构

所以无论在读的端，还是写的端，都面临着高并发的压力，用户规模在亿级别，同时要求读和写的处理要非常及时。

通过上面一系列业务场景的举例，会发现针对不同的业务系统，有的可能在"读"的一端面临的高并发压力多一些，有的可能在"写"的一端面临的压力大一些，还有些是同时面临读和写的压力。

之所以要这样区分，是因为处理"高并发读"和"高并发写"的策略很不一样。下面分别展开应对"高并发读"和"高并发写"的不同策略。

8.2 高并发读

8.2.1 策略 1：加缓存

如果流量扛不住了，相信很多人首先想到的策略就是"加缓存"。缓存几乎不处不在，它的本质是以空间换时间。下面列举几个缓存的典型案例：

1. 案例 1：本地缓存或 Memcached/Redis 集中式缓存

当数据库支持不住的时候，首先想到的就是为其加一层缓存。缓存通常有两种思路：一种是本地缓存，另一种是 Memcached/Redis 类的集中式缓存。

缓存的数据结构通常都是<k, v>结构，v 是一个普通的对象。再复杂一点，有<k, list>或<k, hash> 结构。

<k,v>结构和关系型数据库中的单表的一行行记录刚好对应，很容易缓存。

缓存的更新有两种：一种是主动更新，当数据库中的数据发生变更时，主动地删除或更新缓存中的数据；另一种是被动更新，当用户的查询请求到来时，如果缓存过期，再更新缓存。

对于缓存，需要考虑几个问题：

（1）缓存雪崩。即缓存的高可用问题。如果缓存宕机，是否会导致所有请求全部写入并压垮数据库呢？这个问题后面在谈高可用时会专门分析。

（2）缓存穿透。虽然缓存没有宕机，但是某些 Key 发生了大量查询，并且这些 Key 都不在缓存里，导致短时间内大量请求写入并压垮数据库。

（3）大量的热 Key 过期。和第二个问题类似，也是因为某些 Key 失效，大量请求在短时间内写入并压垮数据库。

这些问题和缓存的回源策略有关：一种是不回源，只查询缓存，缓存没有，直接返回给客户端为空，这种方式肯定是主动更新缓存，并且不设置缓存的过期时间，不会有缓存穿透、大量热 Key 过期问题；另一种是回源，缓存没有，要再查询数据库更新缓存，这种需要考虑应对上面的问题。

2. 案例 2：MySQL 的 Master/Slave

上述的缓存策略很容易用来缓存各种结构相对简单的<k,v>数据。但对于有的场景，需要用到多张表的关联查询，比如各种后端的 admin 系统要操作复杂的业务数据，如果直接查业务系统的数据库，会影响 C 端用户的高并发访问。

对于这种查询，往往会为 MySQL 加一个或多个 Slave，来分担主库的读压力，是一个简单而又很有效的办法。

当然，也可以把多张表的关联结果缓存成<k, v>，但这会存在一个问题：在多张表中，任何一张表的内容发生了更新，缓存都需要更新。

3．案例 3：CDN 静态文件加速（动静分离）

在网站的开发中，有静态内容和动态内容两部分。

（1）静态内容。 数据不变，并且对于不同的用户来说，数据基本是一样的，比如图片、HTML、JS、CSS 文件；再比如各种直播系统，内容生成端产生的视频内容，对于消费端来说，看到的都是一样的内容。

（2）动态内容。 需要根据用户的信息或其他信息（比如当前时间）实时地生成并返回给用户。

对于静态内容，一个最常用的处理策略就是 CDN。一个静态文件缓存到了全网的各个节点，当第一个用户访问的时候，离用户就近的节点还没有缓存数据，CDN 就去源系统抓取文件缓存到该节点；等第二个用户访问的时候，只需要从这个节点访问即可，而不再需要去源系统取。

⚠ **注意**：对于 Redis、MySQL 的 Slave、CDN，虽然从技术上看完全不一样，但从策略上看都是一种"缓存"的形式。都是通过对数据进行冗余，达到空间换时间的效果。

8.2.2　策略 2：并发读

无论"读"还是"写"，串行改并行都是一个常用策略。下面举几个典型例子，来说明如何把串行改成并行。

1．案例 1：异步 RPC

现在的 RPC 框架基本都支持了异步 RPC，对于用户的一个请求，如果需要调用 3 个 RPC 接口，则耗时分别是 T1、T2、T3。

如果是同步调用，则所消耗的总时间 T = T1 + T2 + T3；如果是异步调用，则所消耗的总时间 T = Max(T1, T2, T3)。

当然，这有个前提条件：3 个调用之间没有耦合关系，可以并行。如果必须在拿到第 1 个调用的结果之后，根据结果再去调用第 2、第 3 个接口，就不能做异步调用了。

2．案例 2：Google 的"冗余请求"

Google 公司的 Jeaf Dean 在 *The Tail at Scale* 一文中讲过这样一个案例：假设一个用户的请求需要 100 台服务器同时联合处理，每台服务器有 1% 的概率发生调用延迟（假设定义响应时间大于 1s 为延迟），那么对于 C 端用户来说，响应时间大于 1s 的概率是 63%。

这个数字是怎么计算出来的呢？如果用户的请求响应时间小于 1s，意味着 100 台机器的响应时间都小于 1s，这个概念是 100 个 99% 相乘，即 $99\%^{100}$。

反过来，只要任意一台机器的响应时间大于 1s，用户的请求就会延迟，这个概率是

$$1 - 99\%^{100} = 63\%。$$

这意味着：虽然每一台机器的延迟率只有 1%，但对于 C 端用户来说，延迟率却是 63%。机器数越多，问题越严重。

而越是大规模的分布式系统，服务越多，机器越多，一个用户请求调动的机器也就越多，问题就越严重。

文中给出了问题的解决方法：冗余请求。客户端同时向多台服务器发送请求，哪个返回得快就用哪个，其他的丢弃，但这会让整个系统的调用量翻倍。

把这个方法调整一下，就变成了：客户端首先给服务端发送一个请求，并等待服务端返回的响应；如果客户端在一定的时间内没有收到服务端的响应，则马上给另一台（或多台）服务器发送同样的请求；客户端等待第一个响应到达之后，终止其他请求的处理。上面"一定的时间"定义为：95%请求的响应时间。

文中提到了 Google 公司的一个测试数据：采用这种方法，可以仅用 2%的额外请求将系统99.9%的请求响应时间从 1800ms 降低到 74ms。

8.2.3 策略 3：重写轻读

1. 案例 1：微博 Feeds 流

微博首页或微信朋友圈都存在类似的查询场景：用户关注了 n 个人（或者有 n 个好友），每个人都在不断地发微博，然后系统需要把这 n 个人的微博按时间排序成一个列表，也就是 Feeds 流并展示给用户。同时，用户也需要查看自己发布的微博列表。

所以对于用户来说，最基本的需求有两个：查看关注的人的微博列表（Feeds 流）和查看自己发布的微博列表。

先考虑最原始的方案，如果这个数据存在数据库里面，大概如表 8-1 和表 8-2 所示。

表 8-1　关注关系表（假设名字叫 Following）

ID（自增主键）	user_id（关注者）	followings（被关注的人）

表 8-2　微博发布表（假设名字叫 Msg）

ID（自增主键）	user_id（发布者）	msg_id（发布的微博 ID）

假设这里只存储微博 ID，而微博的内容、发布时间等信息存在另外一个专门的 NoSQL 数据库中。

针对上面的数据模型，假设要查询 user_id = 1 发布的微博列表（分页显示），直接查表 8-2

即可：

```
Select msg_ids from Msg where user_id = 1 limit offset, count
```

假设要查询 user_id = 1 用户的 Feeds 流，并且按时间排序、分页显示，需要两条 SQL 语句：

```
select followings from Following where user_id = 1  //查询 user_id = 1 的用户的
                                                    //关注的用户列表
select msg_ids from Msg where user_id in (followings) limit offset, count
                                                    //查询关注的所有用户的微博列
                                                    //表，按时间排序并分页
```

很显然这种模型无法满足高并发的查询请求，那怎么处理呢？

改成重写轻读，不是查询的时候再去聚合，而是提前为每个 user_id 准备一个 Feeds 流，或者叫收件箱。

如图 8-8 所示，每个用户都有一个发件箱和收件箱。假设某个用户有 1000 个粉丝，发布 1 条微博后，只写入自己的发件箱就返回成功。然后后台异步地把这条微博推送到 1000 个粉丝的收件箱，也就是"写扩散"。这样，每个用户读取 Feeds 流的时候不需要再实时地聚合了，直接读取各自的收件箱就可以。这也就是"重写轻读"，把计算逻辑从"读"的一端移到了"写"的一端。

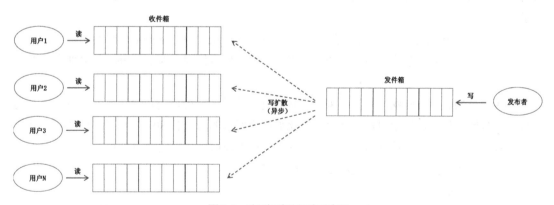

图 8-8　重写轻读的思路示意图

这里的关键问题是收件箱是如何实现的？因为从理论上来说，这是个无限长的列表。

很显然，这个列表必须在内存里面。假设用 Redis 的 <key, list> 来实现，key 是 user_id，list 是 msg_id 的列表。但这个 list 不能无限制地增长，假设设置一个上限为 2000。

那么用户在屏幕上一直往下翻，当翻到 2000 个以外时，怎么分页查询呢？

最简单的方法：限制数量！最多只保存 2000 条，2000 条以外的丢弃。因为按常识，手机屏幕一屏通常显示 4~6 条，2000 条意味着用户可以翻 500 屏，一般的用户根本翻不到这么多。

而这实际上就是 Twitter 的做法，据公开的资料显示，Twitter 实际限制为 800 条。

但对于用户发布的微博，不希望过了一段时间之后，系统把历史数据删掉了，而是希望系统可以全量地保存数据。

但 Redis 只能保存最近的 2000 个，2000 个以前的数据如何持久化地存储并且支持分页查询呢？

还是考虑用 MySQL 来存储表 8-2 中的数据，很显然这个数据会一直增长，不可能放在一个数据库里面。

那就涉及按什么维度进行数据库的分片。

一种是按 user_id 进行分片，一种是按时间范围进行分片（比如每个月存储一张表）。

如果只按 user_id 分片，显然不能完全满足需求。因为数据会随着时间一直增长，并且增长得还很快，用户在频繁地发布微博。

如果只按时间范围分片，会冷热不均。假设每个月存储一张表，则绝大部分读和写的请求都发生在当前月份里，历史月份的读请求很少，写请求则没有。

所以需要同时按 user_id 和时间范围进行分片。

但分完之后，如何快速地查看某个 user_id 从某个 offset 开始的微博呢？比如一页有 100 个，现在要显示第 50 页，也就是 offset = 5000 的位置开始之后的微博。如何快速地定位到 5000 所属的库呢？

这就需要一个二级索引：另外要有一张表，记录<user_id, 月份, count>。也就是每个 user_id 在每个月份发表的微博总数。基于这个索引表才能快速地定位到 offset = 5000 的微博发生在哪个月份，也就是哪个数据库的分片。

解决了读的高并发问题，但又带来一个新问题：假设一个用户的粉丝很多，给每个粉丝的收件箱都复制一份，计算量和延迟都很大。比如某个明星的粉丝有 8000 万，如果复制 8000 万份，对系统来说是一个沉重负担，也没有办法保证微博及时地传播给所有粉丝。

这就又回到了最初的思路，也就是读的时候实时聚合，或者叫作"拉"。

具体怎么做呢？

在写的一端，对于粉丝数量少的用户（假设定个阈值为 5000，小于 5000 的用户），发布一条微博之后推送给 5000 个粉丝；

对于粉丝数多的用户，只推送给在线的粉丝们（系统要维护一个全局的、在线的用户列表）。

有一点要注意：实际上一个用户的粉丝数会波动，这里不一定是一个阈值，可以设定个范围，比如[4500，5500]。

对于读的一端，一个用户的关注的人当中，有的人是推给他的（粉丝数少于 5000），有的人是需要他去拉的（粉丝数大于 5000），需要把两者聚合起来，再按时间排序，然后分页显示，这就是"推拉结合"。

2．案例 2：多表的关联查询：宽表与搜索引擎

在策略 1 里提到了一个场景：后端需要对业务数据做多表关联查询，通过加 Slave 解决，但这种方法只适合没有分库的场景。

如果数据库已经分了库，那么需要从多个库查询数据来聚合，无法使用数据的原生 Join 功能，则只能在程序中分别从两个库读取数据，再做聚合。

但存在一个问题：如果需要把聚合出来的数据按某个维度排序并分页显示。这个维度是一个临时计算出来的维度，而不是数据库本来就有的维度。

由于无法使用数据库的排序和分页功能，也无法在内存中通过实时计算来实现排序、分页（数据量太大），这时如何处理呢？

还是采用类似微博的重写轻读的思路：提前把关联数据计算好，存在一个地方，读的时候直接去读聚合好的数据，而个是读取的时候再去做 Join。

具体实现来说，可以另外准备一张宽表：把要关联的表的数据算好后保存在宽表里。依据实际情况，可以定时算，也可能任何一张原始表发生变化之后就触发一次宽表数据的计算。

也可以用 ES 类的搜索引擎来实现：把多张表的 Join 结果做成一个个的文档，放在搜索引擎里面，也可以灵活地实现排序和分页查询功能。

8.2.4　总结：读写分离（CQRS 架构）

无论加缓存、动静分离，还是重写轻读，其实本质上都是读写分离，这也就是微服务架构里经常提到的 CQRS（Command Query Responsibility Separation）。

图 8-9 总结了读写分离架构的典型模型，该模型有几个典型特征：

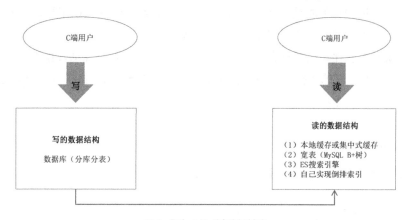

图 8-9　读写分离架构的典型模型

（1）分别为读和写设计不同的数据结构。在 C 端，当同时面临读和写的高并发压力时，把系统分成读和写两个视角来设计，各自设计适合高并发读和写的数据结构或数据模型。

可以看到，缓存其实是读写分离的一个简化，或者说是特例：左边的写（业务 DB）和右边的读（缓存）用了基本一样的数据结构。

（2）写的这一端，通常也就是在线的业务 DB，通过分库分表抵抗写的压力。读的这一端为了抵抗高并发压力，针对业务场景，可能是<K,V>缓存，也可能是提前做好 Join 的宽表，又或者是 ES 搜索引擎。如果 ES 的性能不足，则自己建立倒排索引和搜索引擎。

（3）读和写的串联。定时任务定期把业务数据库中的数据转换成适合高并发读的数据结构；或者是写的一端把数据的变更发送到消息中间件，然后读的一端消费消息；或者直接监听业务数据库中的 Binlog，监听数据库的变化来更新读的一端的数据。

（4）读比写有延迟。因为左边写的数据是在实时变化的，右边读的数据肯定会有延迟，读和写之间是最终一致性，而不是强一致性，但这并不影响业务的正常运行。

拿库存系统举例，假设用户读到某个商品的库存是 9 件，实际可能是 8 件（某个用户刚买走了 1 件），也可能是 10 件（某个用户刚刚取消了一个订单），但等用户下单的一刻，会去实时地扣减数据库里面的库存，也就是左边的写是"实时、完全准确"的，即使右边的读有一定时间延迟也没有影响。

同样，拿微博系统举例，一个用户发了微博后，并不要求其粉丝立即能看到。延迟几秒钟才看到微博也可以接受，因为粉丝并不会感知到自己看到的微博是几秒钟之前的。

这里需要做一个补充：对于用户自己的数据，自己写自己读（比如账号里面的钱、用户下的订单），在用户体验上肯定要保证自己修改的数据马上能看到。

这种在实现上读和写可能是完全同步的（对一致性要求非常高，比如涉及钱的场景）；也可能是异步的，但要控制读比写的延迟非常小，用户感知不到。

虽然读的数据可以比写的数据有延迟（最终一致性），但还是要保证数据不能丢失、不能乱序，这就要求读和写之间的数据传输通道要非常可靠。抽象地来看，数据通道传输的是日志流，消费日志的一端只是一个状态机。

8.3　高并发写

在解决了高并发读的问题后，下面讨论高并发写的各种应对策略。

8.3.1　策略 1：数据分片

数据分片也就是对要处理的数据或请求分成多份并行处理。在现实中，数据分片的例子比比皆是：

高速公路的 6 车道、8 车道；

银行的多个柜台并行地处理用户的业务办理请求；

一个城市一个火车站不够，再扩展成火车南站、火车北站、火车东站、火车西站；

……

到了计算机的世界，数据分片的例子也很多。

案例 1：数据库的分库分表

数据库为了应对高并发读的压力，可以加缓存、Slave；应对高并发写的压力，就需要分库分表了。分表后，还是在一个数据库、一台机器上，但可以更充分地利用 CPU、内存等资源；分库后，可以利用多台机器的资源。

案例 2：JDK 的 ConcurrentHashMap 实现

ConcurrentHashMap 在内部分成了若干槽（个数是 2 的整数次方，默认是 16 个槽），也就是若干子 HashMap。这些槽可以并发地读写，槽与槽之间是独立的，不会发生数据互斥。

案例 3：Kafka 的 partition

在 Kafka 中，一个 topic 表示一个逻辑上的消息队列，具体到物理上，一个 topic 被分成了多个 partition，每个 partition 对应磁盘中的一个日志文件。partition 之间也是相互独立的，可以并发地读写，也就提高了一个 topic 的并发量。

案例 4：ES 的分布式索引

在搜索引擎里有一个基本策略是分布式索引。比如有 10 亿个网页或商品，如果建在一个倒排索引里面，则索引很大，也不能并发地查询。

可以把这 10 亿个网页或商品分成 n 份，建成 n 个小的索引。一个查询请求来了以后，并行地在 n 个索引上查询，再把查询结果进行合并。

8.3.2 策略 2：任务分片

数据分片是对要处理的数据（或者请求）进行分片，任务分片是对处理程序本身进行分片。

在现实生活中，任务分片的典型例子是汽车生产流水线：把一辆汽车的生成过程拆分成多道工序，虽然对每辆汽车来说还是串行地经过每道工序，但工序与工序之间是并行的。

在计算机世界中，任务分片的思路也同样很多：

案例 1：CPU 的指令流水线

类似汽车的生产流水线，把一条指令的执行过程分成"取指""译码""执行""回写"四个阶段。指令一条条地进来，每条指令落在这四个阶段的其中一个阶段，四个阶段是并行的，也就是同时在工作。

假设四个阶段的执行时间分别是 T1、T2、T3、T4，则相比串行，整个过程加速了多少呢？

$$加速比 ＝ （T1＋T2＋T3＋T4）/Max（T1, T2, T3, T4）$$

其中，分子是一条指令的串行执行时间，分母是并行执行时间。

大家会发现，工序拆得越多，每个阶段的时间 T 越小，并发度越高。但单个指令的处理时间却变长了，因为从上一个工序到下一个工序，有上下文切换的开销。

案例 2：Map/Reduce

提到大数据相关的技术，其中最基本的就是 Google 公司提出的 Map/Reduce，这是一种数据分片和任务分片相结合的典型案例。

举一个最简单的排序例子：在大学的教科书中，都教过一种排序算法叫"归并排序"。归并排序有两个步骤：子序列排序和归并。假设有 1 亿个数字要排序，如果是串行执行，那么时间复杂度是 $O（N×\lg N）$，其中 $N＝1$ 亿；现在把这 1 亿个数字拆成 100 份（数据分片），这 100 份可以在 100 台机器上并行地排序，排序完成后再进行归并，这两个步骤可以并行（这是任务分片），其时间复杂度是两个步骤的时间复杂度的较大者 $O（Max（M×\lg M, N））$，其中 $M ＝ 1$ 亿/100。

案例 3：Tomcat 的 1+N+M 网络模型

在服务器端的网络编程中，无论 Tomcat、Netty，还是 Linux 的 epoll，都有一个基本的网络模型，称之为 1+N+M，如图 8-10 所示。

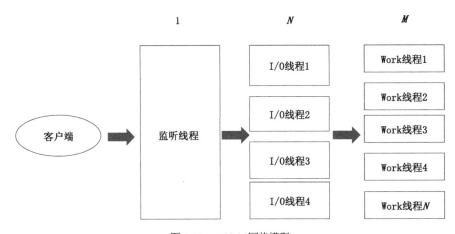

图 8-10 1+N+M 网络模型

把一个请求的处理分成了三个工序：监听、I/O、业务逻辑处理。1 个监听线程负责监听客户端的 Socket 连接；N 个 I/O 线程负责对 Socket 进行读写，N 通常约等于 CPU 核数；M 个 Work 线程负责对请求进行逻辑处理。

进一步来讲，Work 线程还可能被拆分成解码、业务逻辑计算、编码等环节，进一步提高并发度。

8.3.3　策略 3：异步化

"异步"一词在计算机的世界里几乎无处不在，在操作系统和上层应用的语境中，异步 I/O 的意思是有差异的。操作系统里的异步 I/O 是一个狭义的概念（特指某些技术），上层应用里说的"异步"的指代要更为宽泛。

表 8-3 总结了"异步"一词在不同语境中的意思，下面逐一进行解释。

表 8-3　"异步"在不同语境中的意思

层　　次	解　　释
业务层面	同步接口 + 服务器后台任务 + 客户端轮训（或者服务器通知）
接口层面	（1）异步 HTTP 接口 （2）异步 RPC 接口 （3）异步 MySQL 接口 （4）异步 Memcached、Redis 接口 ……
Java JDK 层面	（1）BIO （2）NIO （3）AIO（NIO2，JDK7 开始）
Linux 层面	（1）同步阻塞 I/O （2）同步非阻塞 I/O （3）I/O 多路复用（select、poll、epoll） （4）AIO

（1）**Linux 层面**。在前面讲操作系统网络模型的时候已经详细解释，此处不再赘述。

（2）**Java JDK 层面**。有三套 API，最早的是 BIO，现在常用的是 Java NIO，有人称为 New IO 或 Non-Blcking IO，在 Linux 系统上底层基于 epoll 实现。AIO 是从 JDK 7 开始引出的另外一套 API，使用不多，可能基于 Linux 系统的 epoll 实现，也可能基于 Linux AIO，取决于具体平台的实现。

（3）**接口层面**。当客户端在调用的时候，可以传入一个 callback 或返回一个 future 对象。

以 Apache 的 AsyncHttpClient 为例，代码如下所示。

```
CloseableHttpAsyncClient httpclient = HttpAsyncClients.createDefault();
httpclient.execute(request2, new FutureCallback<HttpResponse>() {…});
```

对于 RPC，不同的公司有自己的 RPC 框架，是否有异步接口，取决于其实现方式。

而对于 Redis、MySQL，常用同步接口，尤其在 Java 当中，JDBC 没有异步接口。想要实现对 MySQL 的异步调用，需要自己实现 MySQL 的 C-S 协议，比如 Vert.x 所用的 postresql-async-connector，或其他语言，比如 Node.js 异步调用 MySQL。

要说明的是，接口的异步有两种实现方式：

- 假异步。在接口内部做一个线程池，把异步接口调用转化为同步接口调用。
- 真异步。在接口内部通过 NIO 实现真的异步，不需要开很多的线程。

（4）业务层面。客户端通过 HTTP、RPC 或消息中间件把请求给服务器，服务器收到请求后不立即处理，落盘（存到数据库或消息中间件），然后用后台任务定时处理，让客户端通过另外一个 HTTP 或 RPC 接口轮询结果，或者服务器通过接口或消息主动通知客户端。

从上面四个层次的分析可以看出，在接口层面，业务层面的异步可以同步接口，也可以异步接口；在底层 I/O 层面，接口层面的异步可能是同步的，也可能是异步的。

在后面的讨论中，"异步 I/O" 指的就是 Java NIO（底层是 epoll），而不是 Linux 底层的 AIO；同时，在应用层面，也不再区分 "异步" 和 "阻塞" 的概念，因为表达的是同一个意思。

最后总结一下，对于 "异步" 而言，站在客户端的角度来讲，是请求服务器做一个事情，客户端不等结果返回，就去做其他的事情，回头再去轮询，或者让服务器回调通知。站在服务器角度来看，是接收到一个客户的请求之后不立即处理，也不立马返回结果，而是在 "后台慢慢地处理"，稍后返回结果。因为客户端不等上一个请求返回结果就可以发送一个请求，可以源源不断地发送请求，从而就形成了异步化。

HTTP 1.1 的异步化、HTTP/2 的二进制分帧都是 "异步" 的例子，客户端发送了一个 HTTP 请求后不等结果返回，立即发送第 2 个、第 3 个；数据库的内存事务提交与 Write-ahead Log 也是 "异步" 的例子。

下面通过几个不同的案例来看 "异步" 是如何应用在不同的使用场景的。

案例 1：短信验证码注册或登录

通常在注册或登录 App 或小程序时，采用的方式为短信验证码。短信的发送通常需要依赖第三方的短信发送平台。如图 8-11 所示，客户端请求发送验证码，应用服务器收到请求后调用第三方的短信平台。

公网的 HTTP 调用可能需要 1~2s，如果是同步调用，则应用服务器会被阻塞。假设应用服务器是 Tomcat，一台机器最多可以同时处理几百个请求，如果同时来几百个请求，Tomcat 就会被卡死了。

图 8-11　短信验证码发送示意图

　　改成异步调用就可以避免这个问题。如图 8-12 所示，应用服务器收到客户端的请求后，放入消息队列，并立即返回。然后有一个后台任务，从消息队列读取消息，去调用第三方短信平台发送验证码。

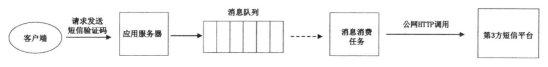

图 8-12　异步调用发送短信验证码

　　应用服务器和消息队列之间是内网通信，不会被阻塞，即使客户端并发量很大，最多是消息堆积在消息队列里面；同时消息消费任务如果调用第三方短信平台超时，很容易发起重试。

　　对用户来说，并不会感知到同步或者异步的差别，反正都是按了"获取验证码"的按钮后等待接收短信。可能过了 60s 之后没有收到短信，用户又会再次按按钮。

案例 2：电商的订单系统

　　有电商购物经验的人可能会发现，假设我们在淘宝或者天猫上买了 3 个商品，且来自 3 个卖家，虽然只下了一个订单、付了一次款，但在"我的订单"里去查看，却发现变成了 3 个订单，3 个卖家分别发货，对应 3 个包裹。

　　从 1 个变为 3 个的过程，是电商系统的一个典型处理环节，叫作"拆单"。而这个环节就是通过异步实现的，如图 8-13 所示。

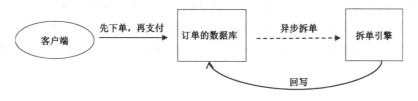

图 8-13　异步拆单示意图

　　对于客户端来说，首先是创建了一个订单，写入订单系统的数据库，此时未支付。

　　然后去支付，支付完成后，服务器会立即返回成功，而不是等 1 个拆成 3 个之后再返回成功。

　　当然，实际的业务场景比这个模型复杂得多，用户付完钱之后，除了拆单，还需要做很多事情：

- 风控进行审单（发现这个订单有风险，如果是刷单操作，则会进行拦截）；
- 给用户发放优惠券；
- 修改用户的属性（支付之前是新用户，付完钱会变成老用户，新用户能享受的某些优惠没有了）；

……

总之，凡是不阻碍主流程的业务逻辑，都可以异步化，放到后台去做。

案例3：广告计费系统

本章提到过广告计费系统是一个侧重于"高并发写"的系统，用户每点击1次，就需要对广告主的账号扣1次钱，如图8-14所示。

图 8-14 广告计费系统示意图

广告主向账号数据库里充钱；C端用户每次浏览或点击后，扣除广告主的钱。

如果用户每点击1次或浏览1次，都同步地调用账户数据库进行扣钱，账户数据库肯定支撑不住。

同时，对于用户的点击来说，在扣费之前其实还有一系列的业务逻辑要处理，比如判断是否为机器人在刷单，这种点击要排除在外。

所以，实际上用户的点击请求或浏览请求首先会以日志的形式进行落盘。落盘之后，立即给客户端返回数据。后续的所有处理，当然也包括扣费，全部是异步化的。

如图8-15所示，C端用户的浏览或点击请求被落盘到持久化的消息队列之后，立即就返回了。之后，消息队列中的每一条请求，都会被一系列的逻辑模块处理，其中包括扣费，这是一个典型的流式计算模型。

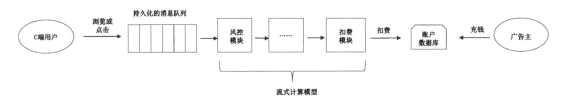

图 8-15 广告计费系统异步处理示意图

案例 4：LSM 树（写内存 + Write-Ahead 日志）

为了提高磁盘 I/O 的写性能，可以使用 Write-Ahead 日志，也就是 Redo Log。其实除数据库的 B+树外，LSM 树也采用了同样的原理。

LSM（Log Structured Merged Tree）用到的一个核心思想就是"异步写"。LSM 树支撑的是 KV 存储，当插入的时候，K 是无序的；但是在磁盘上又需要按照 K 的大小顺序地存储，也就是说要在磁盘上实现一个 Sorted HashMap。按 K 的大小顺序存储是为了方便检索。但不可能在插入的同时对磁盘上的数据进行排序。

LSM 是怎么解决这个问题的呢？

首先，既然磁盘写入速度很慢，就不写从磁盘，而是在内存中维护一个 Sorted HashMap，这样写的性能就提高了；但数据都在内存里，如果系统宕机则数据就丢了，于是再写一条日志，也就是 Write-Ahead 日志。日志有一个关键的优点是顺序写入，即只会在日志尾部追加，而不会随机地写入。

有了日志的顺序写入，加上一个内存的 Sorted HashMap，再有一个后台任务定期地把内存中的 Sorted HashMap 合并到磁盘文件中。后台任务会执行磁盘数据的合并排序。所以可以发现这个思路和数据库的实现原理有异曲同工之妙。

如图 8-16 所示，当客户端 Put 一个<K,V>的时候，只是写了一条日志，再加上一个内存操作，即可告诉客户端写入成功了，实际上这时数据并没有正式落盘。

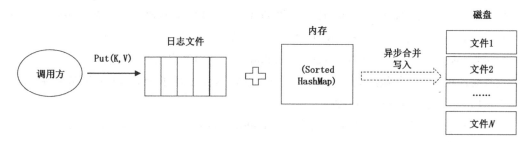

图 8-16 LSM 树异步写入的原理

通过异步落盘（也就是延迟写入）的策略，大幅度提升了写入的性能。

当然，因为是 KV 存储，所以使用了 LSM 树，而没有用 B+树。关系型数据库之所以用 B+树，是因为关系型数据库除做等值查询外，还要支持两个关键的特性：范围查询，还有前缀模糊查询，也是转换成了范围查询；排序和分页。

写内存 + Write-Ahead 日志的这种思路不仅在数据库和 KV 存储领域使用，在上层业务领域中同样可以使用。比如高并发地扣减 MySQL 中的账户余额，或者电商系统中扣库存，如果直接在数据库中扣，数据库会扛不住，则可以在 Redis 中扣，同时落一条日志（日志可以在一个高可靠的消息中间件或数据库中插入一条条的日志，数据库可以分库分表）。当 Redis 宕机，把所有的日志重放完毕，再用数据库中的数据初始化 Redis 中的数据。当然，数据库中的数据不能比 Redis 落后太多，否则积压大量日志未处理，宕机恢复的时间会很长。

5．案例 5：Kafka 的 PipeLine

Kafka 为了高可用性，会为每个 Topic 的每个 Partition 准备多个副本。如图 8-17 所示，假设 1 个 Partition 有 3 个副本，其中一个被选举为了 Leader，另外 2 个是 Follower。

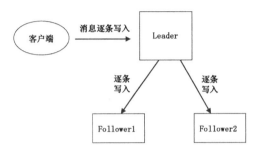

图 8-17　一个 Partition 的多个副本示意图

对于同步发送，客户端每发送一条消息，Leader 要把这条消息同步到 Follower1 和 Follower2 之后，才会对客户端返回成功。

要实现这一点，最朴素的想法是假设客户端给 Leader 发送消息 msg1、msg2、msg3。

Leader 先接收 msg1，然后把 msg1 同步给 Follower1 和 Follower2 后，对客队端返回成功；

再接收 msg2，然后同步给 Follower1 和 Follower2，然后对客户端返回成功；

再接收 msg3，然后同步给 Follower1 和 Follower2，再对客户端返回成功。

这种想法很直接，但显然效率不够。对于该问题，Kafka 用了一个典型的策略来解决，也就是 PipeLine，它也是异步化的一种。

如图 8-18 所示，Leader 并不会主动给两个 Follower 同步数据，而是等 Follower 主动拉取，并且是批量拉取。

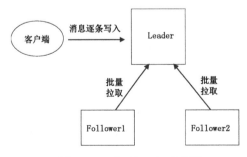

图 8-18　Kafka PipeLine 示意图

当 Leader 收到客户端的消息 msg1 并把它存到本地文件后，就去做其他事情了！比如接收下一个消息 msg2，此时客户端还处于阻塞状态，等待 msg1 返回。

只有等两个 Follower 把消息 msg1 拖过去后，Leader 才会返回客户端说 msg1 接收成功了。

为什么叫作 PipeLine 呢？因为 Leader 并不是一个个地处理消息，而是一批批地处理。Leader 和 Follower1、Follower2 像是组成了一个管道，消息像水一样流过管道。

PipeLine 是异步化的一个典型例子，同时它也是策略 2 所讲的任务分片的典型例子。因为对于 Leader 来说，它把两个任务分离了，一个是接受和存储客户端消息的任务，一个是同步消息到两个 Follower 的任务，这两个任务并行了。

同时它也是下面将要介绍的策略 4（批量）的一个典型例子。

8.3.4　策略 4：批量

1. 案例 1：Kafka 的百万 QPS 写入

说到 Kafka，大家通常会提到一个词"快"，比如其客户端的写入可以达到百万 QPS。Kafka 为什么快呢？

其中一个策略是 Partition 分片，另外一个策略是磁盘的顺序写入（没有随机写入），这里将介绍导致其"快"的另外一个策略——"批量"。

"批量"的含义通俗易懂，既然一条条地写入慢，那就把多条合并成一条，一次性写入！

下面来看一下 Kafka 是如何做的？

如图 8-19 所示，Kafka 的客户端在内存中为每个 Partition 准备了一个队列，称为 RecordAccumulator。Producer 线程一条条地发送消息，这些消息都进入内存队列。然后通过 Sender 线程从这些队列中批量地提取消息发送给 Kafka 集群。

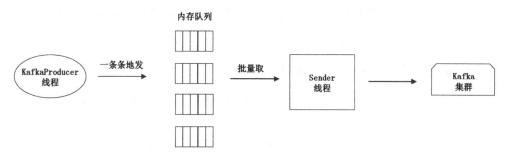

图 8-19　Kafka 客户端批量发送消息示意图

如果是同步发送，Producer 向队列中放入一条消息后会阻塞，等待 Sender 线程取走该条消息并发出去后，Producer 才会返回，这时没有批量操作。

如果是异步发送，Producer 把消息放入队列中后就返回了，Sender 线程会把队列中的消息打包，一次发送出去多个，这时就会用到批量操作。

对于具体的批量策略，Kafka 提供了几种参数进行配置，可以按 Batch 的大小或等待时间来批量操作。

2．案例 2：广告计费系统的合并扣费

在策略 3（异步化）里提到广告计费系统使用了异步化的策略。在异步化的基础上，可以实现合并扣费。

假设有 10 个用户，对于同 1 个广告，每个用户都点击了 1 次，也就意味着同 1 个广告主的账号要扣 10 次钱，每次扣 1 块（假设点击 1 次扣 1 块钱）。如果改成合并扣费，就是 1 次扣 10 块钱。

如图 8-20 所示，扣费模块一次性地从持久化消息队列中取多条消息，对这多条消息按广告主的账号 ID 进行分组，同一个组内的消息的扣费金额累加合并，然后从数据库里扣除。

图 8-20　广告计费系统的合并扣费

3．案例 3：MySQL 的小事务合并机制

把案例 2 的策略应用到 MySQL 的内核里，就成了 MySQL 的小事务合并机制。

比如扣库存，对同一个 SKU，本来是扣 10 次、每次扣 1 个，也就是 10 个事务；在 MySQL 内核里面合并成 1 次扣 10 个，也就是 10 个事务变成了 1 个事务。

同样，在多机房的数据库多活（跨数据中心的数据库复制）场景中，事务合并也是加速数据库复制的一个重要策略。

8.3.5　策略 5：串行化+多进程单线程+异步 I/O

在 Java 里面，为了提高并发度，经常喜欢使用多线程。但多线程有两大问题：锁竞争；线程切换开销大，导致线程数无法开很多

然后看 Nginx、Redis，它们都是单线程模型，因为有了异步 I/O 后，可以把请求串行化处理。第一，没有了锁的竞争；第二，没有了 I/O 的阻塞，这样单线程也非常高效。既然要利用多核优势，那就开多个实例。

再复杂一些，开多个进程，每个进程专职负责一个业务模块，进程之间通过各种 IPC 机制实现通信，这种方法在 C++中广泛使用。这种做法综合了任务分片、异步化、串行化三种思路。

8.4　容量规划

如果说高并发"读"和高并发"写"的策略是一种"定性分析",那么接下来要介绍的压力测试和容量规划就是"定量分析"。

应对策略有了,系统模块也设计得差不多了,接下来就面临一个绕不开的问题:系统要部署多少台机器?具体来讲:应用服务器要部署多少台机器?数据库要分多少个库?

如果采用简单的做法,可以凭借过去的经验决定要多少台机器;如果采用更专业的方法,则需要进行各种压力测试,再结合对业务的容量预估,计算出需要多少台机器。

8.4.1　吞吐量、响应时间与并发数

在正式展开分析之前,需要先介绍三个最常见的概念:吞吐量、响应时间与并发数。

吞吐量:单位时间内处理的请求数。通常所说的 QPS、TPS,其实都是吞吐量的一种衡量方式。

响应时间:处理每个请求所需的时间。

并发数:服务器同时并行处理地请求个数。

(1)三个指标的数学关系。

$$吞吐量 \times 响应时间 = 并发数$$

举例来说:

对一个单机单线程的系统,假设处理每个请求的时间是 1ms,也就是响应时间是 1ms,意味着 1s 可以处理 1000 个请求,QPS 为 1000。

$$并发数 = 1000(QPS) \times 0.001\,s = 1$$

也就是说,其同时处理的请求数是 1,响应时间与吞吐量严格成反比。

(2)并发系统。响应时间与吞吐量(QPS)的关系。

对于串行系统,吞吐量与响应时间成反比,这很容易理解:处理一个请求的时间越小,单位时间内能处理的请求数越多。

但对于一个并发系统(多机多进程或者多线程),却不符合这个规律:我们往往看到的情况是 QPS 越大,响应时间也越长。

举一个现实生活中的例子:1 个理发店只有 1 个理发师,洗剪吹都是理发师 1 个人做。

以前去理发,从洗到剪再到吹,中间没有间隔,他一个人全程服务;现在生意变好了,他雇了两个人,三个人分别负责洗、剪、吹三道工序。这次去了之后,先是第一个人帮你洗;洗完之后,再等一小会儿开始剪;剪完之后,再等一小会儿开始吹。

从理发店的角度来说，他同时服务的人变多了，也就是吞吐量变大了；但从顾客的角度来看，服务时间也变长了（体验下降了）。这就是典型的吞吐量和响应时间同时变大的场景。

对于计算机系统来说，也有类似的原理。请求的处理被分成了多个环节（任务分片），每个环节又都是多线程（数据分片）的，请求与请求之间是并行处理的，多个环节之间也是并行的。在这种情况下，响应时间与吞吐量之间的关系不是一个简单的数学公式可以描述的，只能大致知道两者之间的变化曲线，如图 8-21 所示。

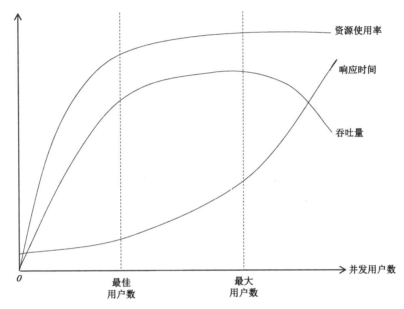

图 8-21 吞吐量、响应时间随并发用户数变化示意图

图中的三条曲线分别表示了系统资源使用率、吞吐量和响应时间随着并发用户数增长的变化关系。随着并发用户数的增长，资源使用率（主要是 CPU）肯定一直增长，增长到某个点之后基本不再变化，达到系统的极限；响应时间肯定是一直增加；系统吞吐量开始一直增大，增到了某个极限后，系统不堪重负，吞吐量会开始大幅下降。

图 8-21 中标识了两个阈值点：最佳用户数和最大用户数。可以看到，在最佳用户数处，系统的资源基本使用充分，吞吐量也基本达到一个最高水准，同时响应时间没有大幅度增加；超过了这个点，虽然吞吐量还有小幅度提升，但是响应时间却在大幅度增加，系统在这个阶段满负荷运行，用户体验大幅下降；当超过最大用户数时，超出了系统的处理极限，吞吐量开始大幅下降，同时响应时间却急剧增加。

这里需要特别说明的是：图 8-21 只是一个概念模型，大致反映了一个系统吞吐量和响应时间的关系。具体到不同类型的业务系统上，只有通过实际的压力测试，才能知道合理的吞吐量、响应时间的阈值到底为多少。

（3）指标的测算方法。

现在的监控系统已经很成熟，无论大公司自研的，还是开源的，都可以在监控面板上直接看到每台机器的每个接口的 QPS、平均响应时间、最大响应时间、95 线、99 线等指标。

关于 QPS、95 线、99 线具体是如何计算的，本书不做深究。有兴趣的读者可以参考监控系统相关的书籍和文章。

至于并发数，通常是一个"隐形指标"。通过吞吐量（QPS）和响应时间，大致可以推算出并发数是多少。

> ⚠️ **注意**：这里有一个关键点需要说明：当谈论吞吐量（QPS）的时候，一定需要谈对应的响应时间是多少。随着 QPS 的增加，响应时间也在增加，虽然 QPS 提上来了，但用户端的响应时间却变长了，客户端的超时率增加，用户体验变差。所以这两者需要权衡，不能一味地提升 QPS，而不顾及响应时间。

8.4.2　压力测试与容量评估

1. 容量评估的基本思路

容量评估是一个系统性工程，但其基本思路其实很简单：

$$机器数 \ = \ 预估总流量/单机容量$$

其中，分母是一个预估的值，分子通过压力测试得到。

如何预估呢？一般通过历史数据来估算。在监控系统中可以很容易地看到一个服务在过去 24 个小时中的调用量分布，取其中的峰值再乘以一个余量系数（比如 2 倍或 3 倍），就可以大概算出服务的预估流量。

这里特别要说明的是：需要用峰值测算，而不能用均值。对于很多系统来说，峰值通常是均值的好几倍。虽然峰值持续的时间很短，但没有办法，的确需要准备这么多台机器。所以，实际上有很多机器大部分时间都是闲置的，就是为了抵抗那短暂的峰值，又不能下掉。这也正是云计算（弹性计算）要解决的问题，通过动态地加机器、减机器，来减少资源浪费。

2. 压力测试策略

压力测试方法并没有一个标准答案，通常需要因时、因地制宜。一些大公司都会有测试工程师制订详细的压力测试方案。这里大致介绍压力测试涉及的各种策略：

（1）线上压力测试 vs.测试环境压力测试。

对于压力测试，首先涉及的一个问题是在线上真实环境测试，还是测试环境中测试。如果是测试环境，即使机器宕机了也没有关系。

但测试环境有个最大的问题是搭建麻烦。尤其是当服务调用了很多其他团队的服务，里面又涉及缓存和数据库，要搭建一个与线上基本一样的测试环境，花费的精力非常巨大。并且即使搭建好了，功能要快速迭代，频繁地发新版本，也很难持续。

所以我们将重点讨论线上压力测试。

（2）读接口压力测试 vs.写接口压力测试。

如果完全是读接口，可以对线上流量进行重放，这没有问题。如果是写接口，则会对线上数据库造成大量测试数据，怎么解决呢？

一种是通过摘流量的方式，也就是不重放流量，只是把线上的真实流量划一部分出来集中导入集群中的几台机器中。需要说明的是：这种方法也只能压力测试应用服务器，对于 Redis 或数据库，只能大致估算。

另一种是在线上部署一个与真实数据库一样的"影子数据库"，对测试数据打标签，测试数据不进入线上数据库，而是进入这个"影子数据库"。通常会由数据库的中间件来实现，如果判断是测试数据，则进入"影子数据库"。

（3）单机压力测试 vs.全链路压力测试。

单机压力测试相对简单，比如一个服务没有调用其他的服务，背后就是 Redis 或数据库，通过压力测试比较容易客观地得出服务的容量。

但如果服务存在着层层调用，整个调用链路像树状一样展开，即使测算出了每一个单个服务的容量，也不能代表整个系统的容量，这时就需要全链路压力测试。

全链路压力测试涉及多个团队开发的服务，这就需要团队之间密切协作，制订完备的压力测试方案。

第 **9** 章 高可用与稳定性

如果"高并发"是为了让系统变得"有效率",可以抵抗大规模用户访问,那本章所讲的就是为了让系统变得"更靠谱"。靠谱包括了高可用性、稳定性、可靠性,本书不会对这些专业名词进行辨析,因为在不同语境下这些词表达的侧重点不同。

接下来介绍要做一个"靠谱"的系统需要从哪些方面着手。

9.1 多副本

俗话说得好,要避免风险,"不要把所有鸡蛋都放在一个篮子里"。具体到计算机系统,就是常说的避免"单点":

网关层的 Nginx 宕机怎么办?做多个副本;

应用服务器宕机怎么办?做多个副本;

缓存宕机怎么办?做多个副本;

数据库宕机怎么办?做多个副本;

消息中间件宕机怎么办?做多个副本;

……

对于网关或应用服务器这种无状态的服务,做多个副本比较简单,加机器就可以应对;但对于缓存或数据库这种有状态的机器,如果做多个副本,则会存在数据间如何同步的问题。

1. 本地缓存多副本

一种常用的方法是利用消息中间件(如 Kafka)的 Pub/Sub 机制,每台机器都订阅消息。一条消息发出去之后,每台机器都会收到这条消息,然后更新自己的本地缓存。

2. Redis 多副本

Redis Cluster 提供了 Master-Slave 之间的复制机制,当 Master 宕机后可以切换到 Slave。当然,切换需要间隔时间(一般为几十秒),同时因为是异步复制,切换之后可能会丢失少量的数据。

如果用的是单机的 Redis 或 Memcached,自身没有提供 Master-Slave 机制,则需要业务人员自己部署两套集群，自己做双写和切换。

这里需要补充说明一个点：无论本地缓存，还是 Redis 类的集中式缓存，既然本身的定位就是"缓存"，意味着业务场景对数据不是强一致性的要求，所以此处主要考虑的是"高可用性"，而没有数据一致性的保证。

3．MySQL 多副本

对于 MySQL，Master-Slave 之间用得最多的是异步复制或半异步复制，同步复制因为性能严重下降，所以一般很少使用。

对于半异步复制，如果 Slave 超时后还未返回，也会退化为异步复制。所以，无论异步复制，还是半异步复制，都不能百分百地保证 Master 和 Slave 中的数据完全一致。

当 Master 宕机后，如果立即切换到 Slave，没有及时同步的数据丢失了怎么办呢？如果不切换到 Slave，服务就不可用了。要切换到 Slave 吗？

实际上，一般都会选择牺牲一定的数据一致性来保证可用性。少量的数据不一致，可以通过后续的人工修复解决；如果服务不可用，尤其在流量很大的时候，带来的损失往往远大于少量数据不一致带来的损失。

另外会有些监控措施，如果发现某个 Slave 延迟太大，则直接摘除，避免延迟很大的 Slave 被选为主库。

4．消息中间件多副本

对于 Kafka 类的消息中间件，一个 Partition 通常至少会指定三个副本，为此 Kafka 专门设计了一种称为 ISR 的算法，在多个副本之间做消息的同步。

> ⚠️ **注意**：虽然有多个副本，但在某些情况下，当发生 Master-Slave 切换的时候，还是会丢消息，这是由算法本身决定的。

9.2　隔离、限流、熔断和降级

1．隔离

隔离是指将系统或资源分割开，在系统发生故障时能限定传播范围和影响范围，即发生故障后不会出现滚雪球效应，从而把故障的影响限定在一个范围内。隔离的手段很多，不同业务场景下的做法多变，本文将列举一些典型的隔离策略。

（1）数据隔离。 从数据的重要性程度来说，一个公司或业务的数据肯定有非常重要、次重要、不重要之分，在数据库的存储中，把这些数据所在的物理库彻底分开。当然，这往往也对应着业务的拆分和分库。从这个角度来看，业务的拆库和数据的隔离，其实是从不同角度说同一个事情。

（2）机器隔离（调用者隔离）。 对一个服务来说，有很多调用者。这些调用者也有一个重要性等级排序。对于那些最核心的几个调用者，可以为其专门准备一组机器，这样其他的调用者不会影响该调用者的服务。

又或者，本来是一个核心服务，因为某种原因在上面加了一个新功能（新接口），这个新功能只是为某个调用方使用，可以把调用方隔离出来，不影响现有的功能。

成熟的 RPC 框架往往有隔离功能，根据调用方的标识（ID），把来自某个调用方的请求都发送到一组固定的机器中，无须业务人员写代码，用一个简单的配置即可搞定。

（3）线程池隔离。 在 Netflix 的开源项目 Hystrix 中，提到过这样一个典型场景：假设应用服务器是 Tomcat，开了 500 个线程，最多也只能同时处理 500 个请求。Tomcat 背后调用了很多的 RPC 服务，在这 500 个线程里面同步调用。现在假设某个服务的延迟突然变得很人，而这个服务的调用量又很大，很可能会导致 500 个线程都卡在 RPC 服务上，整个服务器也就卡死了。对于这种场景，首先要注意设置客户端的超时时间，如果超时时间设置得过长（比如几十秒，甚至一两分钟），一旦某个服务延迟很大，很容易会阻塞 500 个线程。如果延迟时间设置得过小（比如 200ms），该问题会减弱很多，但在瞬间的高并发流量下仍存在问题。为此，可以使用线程池隔离，为每个 RPC 调用单独准备一个线程池（一般 2~10 个线程），而不是在这 500 个线程里同步调用。当线程池中没有空闲线程，并且线程池内部的队列也已经满了的情况下，线程池会直接抛出异常，拒绝新的请求，从而确保调用线程不会被阻塞。

再说一个典型场景，比如一个 RPC 服务对外提供了很多接口，绝大部分接口都处理得很快，有极个别接口的业务逻辑很复杂，处理得很慢，则在 RPC 服务内部可以为其单独准备一个线程池。这样一来，虽然这个接口很慢，但只是它自己慢，不会影响其他接口。

（4）信号量隔离。 信号量隔离是 Hystrix 提出的另外一种隔离方法，它比线程池隔离要轻量。一个机器能开的线程数是有限的，线程池太多会导致线程太多，线程切换的开销会很大。而使用信号量隔离不会额外增加线程池，只在调用线程内部执行。信号量在本质上是一个数字，记录了当前访问某个资源的并发线程数。在线程访问资源之前获取该信号量，当访问结束时，释放该信号量。一旦信号量达到最大阈值，线程获取不到该信号量，会丢弃请求，而不是阻塞在那里等待信号量。

同样，阿里巴巴公司的 Sentinel 也提供了并发线程数模式的限流，其实也是一种隔离手段，其原理和 Hystrix 的信号量类似，同时还可以结合基于响应时间的熔断降级。

2．限流

限流在日常生活中也很常见，比如在节假日期间去一个旅游景点，为了防止人流量过大，管理部门通常会在外面设置拦截，限制进入景点的人数，等有游客出来后，再放新的游客进去。

对应到计算机中，比如要办活动、秒杀等，通常会限流。

限流可以分为技术层面的限流和业务层面的限流。技术层面的限流比较通用，各种业务场景都可以用到；业务层面的限流需要根据具体的业务场景做开发。

（1）技术层面的限流。一种是限制并发数，也就是根据系统的最大资源量进行限制，比如数据库连接池、线程池、Nginx 的 limit_conn 模块；另一种是限制速率（QPS），比如 Guava 的 RateLimiter、Nginx 的 limit_req 模块。

限制速率的这种方式对于服务的接口调用非常有用。比如通过压力测试可以知道服务的 QPS 是 2000，就可以限流为 2000QPS。当调用方的并发量超过了这个数字，会直接拒绝提供服务。这样一来，即使突然有大量的请求进来，服务也不会被压垮，虽然部分请求被拒绝了，但保证了其他的服务可以正常处理。一般成熟的 RPC 框架都有相应的配置，可以对每个接口进行限流，不需要业务人员自己开发。

（2）业务层面的限流。比如在秒杀系统中，一个商品的库存只有 100 件，现在有 2 万人抢购，没有必要放 2 万个人进来，只需要放前 500 个人进来，后面的人直接返回已售完即可。

针对这种业务场景，可以做一个限流系统，或者叫售卖的资格系统（票据系统），票据系统里面存放了 500 张票据，每来一个人，领一张票据。领到票据的人再进入后面的业务系统进行抢购；对于领不到票据的人，则返回已售完。

在具体实现上，有团队使用 Redis，也有团队直接基于 Nginx + Lua 脚本来实现，两者的思路类似。

（3）限流算法。限制并发数的计算原理很简单，系统只需要维护正在使用的资源数或空闲数，比如数据库的连接数、线程池的线程数。限制速率的算法稍微复杂，常用的有漏桶算法和令牌桶算法，下面详细介绍。

漏桶算法如图 9-1 所示。

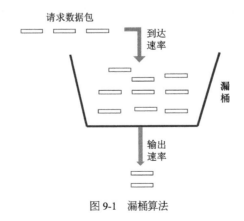

图 9-1　漏桶算法

- 漏桶的容量是固定的，流出的速率是恒定的；
- 流入的速率是任意的；
- 如果桶是空的，则不需流出；
- 如果流入数据包超出了桶的容量，则流入的数据包溢出了（被丢弃），而漏桶容量不变。

令牌桶算法如图 9-2 所示。

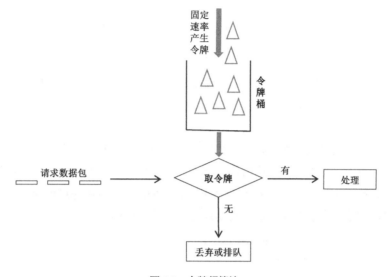

固定
速率
产生
令牌

令牌桶

请求数据包　　　　　　取令牌　　　有　　　　处理

无

丢弃或排队

图 9-2　令牌桶算法

- 令牌桶的容量也是固定的，向里流入令牌的速率是恒定的；
- 当令牌桶满时，新加入的令牌会被丢弃；
- 当一个请求到达之后，从桶中取出一个令牌。如果能取到令牌，则该请求将被处理；
- 如果取不到令牌，则该请求要么被丢弃，要么排队。

两个算法的对比。对比两个算法会发现，二者的原理刚好相反，一个是流出速率保持恒定，一个是流入速率保持恒定。二者的用途有一定差别：令牌桶限制的是平均流入速率，而不是瞬时速率，因为可能出现一段时间没有请求进来，令牌桶里塞满了令牌，然后短时间内突发流量过来，一瞬间（可以认为是同时）从桶里拿几个令牌出来；漏桶有点类似消息队列，起到了削峰的作用，平滑了突发流入速率。

3．熔断

当电路发生短路、温度升高，可能烧毁整个电路的时候，保险丝会自动熔断，切断电路，从而保护整个电路系统。

在计算机系统中，也有类似设计保险丝的思路。熔断有两种策略：一种是根据请求失败率，一种是根据请求响应时间。

（1）根据请求失败率做熔断。对于客户端调用的某个服务，如果服务在短时间内大量超时或抛错，则客户端直接开启熔断，也就是不再调用此服务。然后过一段时间，再把熔断打开，如果还不行，则继续开启熔断。这也正是经常提到的"快速失败（Fail Fast）"原则。

以 Hystrix 为例，它有几个参数来配置熔断器的策略：

```
circuitBreaker.requestVolumeThreshold      //滑动窗口的大小，默认为20
circuitBreaker.sleepWindowInMilliseconds   //过多长时间，熔断器再次检测是否开启，默认
                                           //为5000，即5s
circuitBreaker.errorThresholdPercentage    //失败率，默认为50%
```

三个参数放在一起，所表达的意思是：每 20 个请求中，有 50% 失败时，熔断器就会打开，此时再调用此服务，将会直接返回失败，不再调用远程服务。直到 5s 之后，重新检测该触发条件，判断是否把熔断器关闭，或者继续打开。

（2）根据请求响应时间做熔断。除了根据请求失败率做熔断，阿里巴巴公司的 Sentinel 还提供了另外一种思路：根据请求响应时间做熔断。当资源的平均响应时间超过阈值后，资源进入准降级状态。接下来如果持续进入 5 个请求，且它们的 RT 持续超过该阈值，那么在接下来的时间窗口内，对这个方法的调用都会自动地返回。代码样例如下：

```
DegradeRule rule = new DegradeRule();
rule.setResource("xxx");
rule.setCount(50);
rule.setGrade(RuleConstant.DEGRADE_GRADE_RT);
rule.setTimeWindow(5000);
```

样例中的时间单位是 ms，意思是当平均响应时间大于 50ms，并且接下来持续 5 个请求的 RT 都超过 50ms 时，熔断将开启。5000ms 之后，熔断将再次关闭。

与限流进行对比会发现：限流是服务端，根据其能力上限设置一个过载保护；而熔断是调用端对自己做的一个保护。

> ⚠️ **注意**：能熔断的服务肯定不是核心链路上的必选服务。如果是的话，则服务如果超时或者宕机，前端就不能用了，而不是熔断。所以，说熔断其实也是降级的一种方式。

4. 降级

降级是一种兜底方案，是在系统出故障之后的一个尽力而为的措施。相比于限流、熔断两个偏技术性的词汇，降级则是一个更加偏向业务的词汇。

因为在现实中，虽然任何一个业务或系统都有很多功能，但并不要求这些功能一定 100% 可用，或者完全不可用。其中存在一个灰度空间。

比如对于微信或者 QQ，它有文字通信、语音通信、视频通信，对带宽的要求是从小到大的。比如网络发生故障，视频通信不能用，但可以保证语音通信、文字通信可以使用；如果语音通信也不能使用了，则保证文字通信可以用。总之，会尽最大努力提供服务，哪怕是有损服务，也比完全不提供服务要强。

再比如电商的商品展示页面，有图片、文字描述、价格、库存、优惠活动等信息，当优惠活动的服务宕机，其他信息可以正常展示，并不影响用户的下单行为。

再比如电商首页的商品列表的千人千面，可能靠的是推荐系统。当推荐系统宕机时，是否首页就显示 502 呢？可以做得更好一些，例如为首页准备一个非个性化的商品列表，甚至一个静态的商品列表。这个列表存于另外一个非常简单可靠的后备系统中，或者缓存在客户端上面。当推荐系统宕机时，可以把这个非个性化的列表输出。虽然没有了个性化，但至少用户能看到东西，还可以购买商品。

通过这些例子会发现，降级不是一个纯粹的技术手段，而是要根据业务场景具体分析，看哪些功能可以降级，降级到什么程度，哪些宁愿不可用也不能降级。

9.3　灰度发布与回滚

如果一个系统在线上代码不动，不发布更新，理论上可以稳定地一直运行下去（在没有资源泄露的 Bug、前端流量没有大的变化的情况下），但实际是不可能的。尤其对于互联网公司要求快速迭代的文化，新功能一直在发布，旧的系统也在被不断地重构。

频繁地系统变更是导致系统不稳定的一个直接因素。既然无法避免系统变更，我们能做的就是让这个过程尽可能平滑、受控，这就是灰度与回滚策略。

1. 新功能上线的灰度

当一个新的功能上线时，可以先将一部分流量导入这个新的功能，如果验证功能没有问题了，再一点点地增加流量，最终让所有流量都切换到这个新功能上。

具体办法有很多，比如可以按 user_id 划分流量，按 user_id 的最后几位数字对用户进行分片，一片片的灰度把流量导入到新功能上；或者用户有很多属性、标签，按其中的标签设置用户白名单，再一点点地导入流量。

2. 旧系统重构的灰度

如果旧的系统被重构了，我们不可能在一瞬间把旧的系统下线，完全变成新的系统。一般会持续用一段时间，新旧系统同时共存。这时就需要在入口处增加一个流量分配机制，让部分流量仍然进入老系统，部分流量切换到新系统。比如最初老系统的流量为 90%，新系统为 10%；然后老系统为 60%，新系统为 40%……逐步转移，最终把所有流量都切换到新系统，将老系统下线。具体流量如何划分，与上述的新功能上线类似，也是根据实际业务场景，选取某个字段或者属性，对流量进行划分。

3．回滚

有了灰度，还要考虑的一个问题就是回滚。当一部分实现了灰度之后，发现新的功能或新的系统有问题，这时要回滚应该怎么做呢？

一种是安装包回滚，这种办法最简单，不需要开发额外代码，发现线上系统有问题，统一重新部署之前的安装版本；另一种是功能回滚，在开发新功能的时候，也开发了相应的配置开关，一旦发现新功能有问题，则关闭开关，让所有流量都进入老的系统。

9.4　监控体系与日志报警

1．监控体系

要打造一个高可用、高稳定的系统，监控体系是其中非常关键的一个环节。监控体系之所以如此重要，因为它为系统提供了一把尺子，让我们对系统的认识不只停留在感性层面，而是理性的数据层面。有了这把尺子，可以做异常信息的报警，也可以依靠它去不断地优化系统。也正因为如此，稍微有些规模的公司都会在监控系统的打造上耗费很多工夫。

监控是全方位、立体化的，从大的方面来说，自底向上可以分为以下几个层次：

（1）资源监控。例如 CPU、内存、磁盘、带宽、端口等。比如 CPU 负载超过某个赋值，发报警；磁盘快满了，发报警；内存快耗光了，发报警……

资源监控是一个相对标准化的事情，开源的软件有 Zabbix 等，大一些的公司会有运维团队或基础架构团队搭建专门的系统来实现。

（2）系统监控。系统监控没有资源监控那么标准化，但很多指标也是通用的，不同公司的系统监控都会涉及：

- 最前端 URL 访问的失败率以及具体某次访问的失败链路；
- RPC 接口的失败率以及具体某次请求的失败链路；
- RPC 接口的平均响应时间、最大响应时间、95 线、99 线；
- DB 的 Long SQL；
- 如果使用的是 Java，JVM 的 young GC、full GC 的回收频率、回收时间。

（3）业务监控。不同于系统监控、资源监控的通用指标，业务监控到底要监控哪些业务指标，这点只能根据具体业务具体分析。

比如订单系统，假设定义了一个关键业务指标：订单支付成功率。怎么知道这个指标发生了异常呢？一种方法是与历史数据比较。比如知道昨天 24 小时内该指标的分布曲线，如果今天的曲线在某个点与昨天相比发生了剧烈波动，很可能是某个地方出现了问题。

另外一种是基于业务规则的，比如说外卖的调度系统，用户付钱下单后，假设规定最多 1 分钟之内这个订单要下发给商家，商家在 5 分钟之内要做出响应；商家响应完成后，系统要在 1 分钟之内计算出调度的外卖小哥。这个订单的履约过程涉及的时间点，都是一个个的阈值，都可能成为业务监控的指标。

把业务监控再扩展一下，就变成了对账系统。因为从数据角度来看，数据库的同一张表或者不同表的字段之间，往往暗含着一些关联和业务规则，甚至它们之间存在着某些数学等式。基于这些数学等式，就可以做数据的对账，从而发现问题。

2. 日志报警

如果业务指标的监控是基于统计数据的一个监控，日志报警则是对某一次具体的请求的处理过程进行监控。

日志的作用之一是当有人发现线上出现问题后，可以通过查找日志快速地定位问题，但这是一个被动解决的过程。日志更重要的作用是主动报警、主动解决！也就是说，不是等别人来通报系统出了问题再去查，而是在写代码的时候，对于那些可以预见的问题，提前就写好日志。

众所周知，ASSERT 语句有 Undefined 行为，也就是说自己写的代码自己最清楚哪个地方可能有问题，哪个异常的分支语句没有处理。对于异常场景，导致的原因可能是程序的 Bug，也可能是上游系统传进来的脏数据，也可能是调用下游系统返回了脏数据……

针对这些有问题的地方，提前写好错误日志，然后对日志进行监控，就可以主动报警，主动解决。

在输出日志的过程中，最容易出现的问题可能有：

（1）日志等级不分。 日志一般有 DEBUG、INFO、WARNING、ERROR 几个等级，有第三库打印出来的日志，还有自己的代码打印出来的日志。容易出现的问题是等级没有严格区分，到处是 ERROR 日志，一旦真出了问题，也被埋没在了大量的错误日志当中；或者 ERROR 当成了 WARNING，出现问题也没有引起足够的重视。

一个日志到底是 WARNING，还是 ERROR，往往需要根据自己的业务决定。WARNING 意味着要引起我们的注意，ERROR 是说必须马上解决。可能一个日志最开始的时候是 WARNING，后来它的重要性提高了，变成了 ERROR，或者反过来也有可能。

（2）关键日志漏打。 一种是关键的异常分支流程没有打印日志；还有一种是虽然打印了日志，但缺乏足够的详细信息，没有把关键参数打印出来；或者只打印了错误结果，中间环节涉及的一系列关键步骤没有打印，只知道出了问题，不知道问题出在哪一个环节，这时候又要补日志。

关键是需要有一种意识，日志不是摆设，而是专门用于解决问题的。所以在打印日志之前，要想一下如果出了问题，依靠这些日志能否快速地定位问题。

第 **10** 章 | 事务一致性

在介绍了高并发、高可用、稳定性之后，接下来将讨论最后一个关键问题：数据一致性问题。

数据一致性问题非常多样，下面举一些常见例子。

比如在更新数据的时候，先更新了数据库，后更新了缓存，一旦缓存更新失败，此时数据库和缓存数据会不一致。反过来，如果先更新缓存，再更新数据库，一旦缓存更新成功，数据库更新失败，数据还是不一致；

比如数据库中的参照完整性，从表引用了主表的主键，对从表来说，也就是外键。当主表的记录删除后，从表是字段置空，还是级联删除。同样，当要创建从表记录时，主表记录是否要先创建，还是可以直接创建从表的记录；

比如数据库中的原子性：同时修改两条记录，一条记录修改成功了，一条记录没有修改成功，数据就会不一致，此时必须回滚，否则会出现脏数据。

比如数据库的 Master-Slave 异步复制，Master 宕机切换到 Slave，导致部分数据丢失，数据会不一致。

发送方发送了消息 1、2、3、4、5，因为消息中间件的不稳定，导致丢了消息 4，接收方只收到了消息 1、2、3、5，发送方和接收方数据会不一致。

从以上案例可以看出，数据一致性问题几乎无处不在。本书把一致性问题分为了两大类：事务一致性和多副本一致性。这两类一致性问题基本涵盖了实践中所遇到的绝大部分场景，本章和下一章将分别针对这两类一致性问题进行详细探讨。

10.1 随处可见的分布式事务问题

在"集中式"的架构中，很多系统用的是 Oracle 这种大型数据库，把整个业务数据放在这样一个强大的数据库里面，利用数据库的参照完整性机制、事务机制，避免出现数据一致性问题。这正是数据库之所以叫"数据库"而不是"存储"的一个重要原因，就是数据库强大的数据一致性保证。

但到了分布式时代，人们对数据库进行了分库分表，同时在上面架起一个个的服务。到了微服务时代，服务的粒度拆得更细，导致一个无法避免的问题：数据库的事务机制不管用了，因为数据库本身只能保证单机事务，对于分布式事务，只能靠业务系统解决。

例如做一个服务，最初底下只有一个数据库，用数据库本身的事务来保证数据一致性。随着数据量增长到一定规模，进行了分库，这时数据库的事务就不管用了，如何保证多个库之间的数据一致性呢？

再以电商系统为例，比如有两个服务，一个是订单服务，背后是订单数据库；一个是库存服务，背后是库存数据库，下订单的时候需要扣库存。无论先创建订单，后扣库存，还是先扣库存，后创建订单，都无法保证两个服务一定会调用成功，如何保证两个服务之间的数据一致性呢？

这样的案例在微服务架构中随处可见：凡是一个业务操作，需要调用多个服务，并且都是写操作的时候，就可能会出现有的服务调用成功，有的服务调用失败，导致只部分数据写入成功，也就出现了服务之间的数据不一致性。

10.2　分布式事务解决方案汇总

接下来，以一个典型的分布式事务问题——"转账"为例，详细探讨分布式事务的各种解决方案。

以支付宝为例，要把一笔钱从支付宝的余额转账到余额宝，支付宝的余额在系统 A，背后有对应的 DB1；余额宝在系统 B，背后有对应的 DB2；蚂蚁借呗在系统 C，背后有对应的 DB3，这些系统之间都要支持相关转账。所谓"转账"，就是转出方的系统里面账号要扣钱，转入方的系统里面账号要加钱，如何保证两个操作在两个系统中同时成功呢？

10.2.1　2PC

（1）**2PC 理论。**在讲 MySQL Binlog 和 Redo Log 的一致性问题时，已经用到了 2PC。当然，那个场景只是内部的分布式事务问题，只涉及单机的两个日志文件之间的数据一致性；2PC 是应用在两个数据库或两个系统之间。

2PC 有两个角色：事务协调者和事务参与者。具体到数据库的实现来说，每一个数据库就是一个参与者，调用方也就是协调者。2PC 是指事务的提交分为两个阶段，如图 10-1 所示。

阶段 1：准备阶段。协调者向各个参与者发起询问，说要执行一个事务，各参与者可能回复 YES、NO 或超时。

阶段 2：提交阶段。如果所有参与者都回复的是 YES，则事务协调者向所有参与者发起事务提交操作，即 Commit 操作，所有参与者各自执行事务，然后发送 ACK。

如果有一个参与者回复的是 NO，或者超时了，则事务协调者向所有参与者发起事务回滚操作，所有参与者各自回滚事务，然后发送 ACK，如图 10-2 所示。

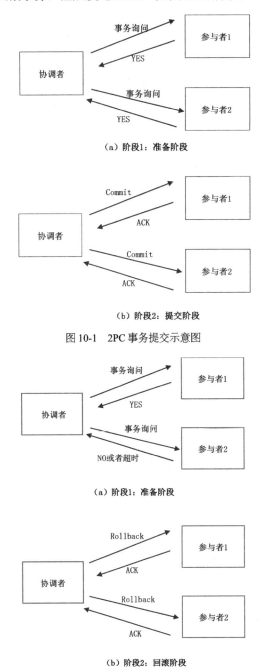

（a）阶段1：准备阶段

（b）阶段2：提交阶段

图 10-1　2PC 事务提交示意图

（a）阶段1：准备阶段

（b）阶段2：回滚阶段

图 10-2　事务回滚示意图

所以，无论事务提交，还是事务回滚，都是两个阶段。

（2）2PC 的实现。通过分析可以发现，要实现 2PC，所有参与者都要实现三个接口：Prepare、Commit、Rollback，这也就是 XA 协议，在 Java 中对应的接口是 *javax.transaction.xa.XAResource*，通常的数据库也都实现了这个协议。开源的 Atomikos 也基于该协议提供了 2PC 的解决方案，有兴趣的读者可以进一步研究。

（3）2PC 的问题。2PC 在数据库领域非常常见，但它存在几个问题：

问题 1：性能问题。在阶段 1，锁定资源之后，要等所有节点返回，然后才能一起进入阶段 2，不能很好地应对高并发场景。

问题 2：阶段 1 完成之后，如果在阶段 2 事务协调者宕机，则所有的参与者接收不到 Commit 或 Rollback 指令，将处于"悬而不决"状态。

问题 3：阶段 1 完成之后，在阶段 2，事务协调者向所有的参与者发送了 Commit 指令，但其中一个参与者超时或出错了（没有正确返回 ACK），则其他参与者提交还是回滚呢？　也不能确定。

为了解决 2PC 的问题，又引入了 3PC。3PC 存在类似宕机如何解决的问题，因此还是没能彻底解决问题，此处不再详述。

2PC 除本身的算法局限外，还有一个使用上的限制，就是它主要用在两个数据库之间（数据库实现了 XA 协议）。但以支付宝的转账为例，是两个系统之间的转账，而不是底层两个数据库之间直接交互，所以没有办法使用 2PC。

不仅支付宝，其他业务场景基本都采用了微服务架构，不会直接在底层的两个业务数据库之间做一致性，而是在两个服务上面实现一致性。

正因为 2PC 有诸多问题和不便，在实践中一般很少使用，而是采用下面要讲的各种方案。

10.2.2　最终一致性（消息中间件）

一般的思路是通过消息中间件来实现"最终一致性"，如图 10-3 所示。

系统 A 收到用户的转账请求，系统 A 先自己扣钱，也就是更新 DB1；然后通过消息中间件给系统 B 发送一条加钱的消息，系统 B 收到此消息，对自己的账号进行加钱，也就是更新 DB2。

这里面有一个关键的技术问题：

系统 A 给消息中间件发消息，是一次网络交互；更新 DB1，也是一次网络交互。系统 A 是先更新 DB1，后发送消息，还是先发送消息，后更新 DB1？

假设先更新 DB1 成功，发送消息网络失败，重发又失败，怎么办？又假设先发送消息成功，更新 DB1 失败。消息已经发出去了，又不能撤回，怎么办？或者消息中间件提供了消息撤回的接口，但是又调用失败怎么办？

因为这是两次网络调用，两个操作不是原子的，无论谁先谁后，都是有问题的。

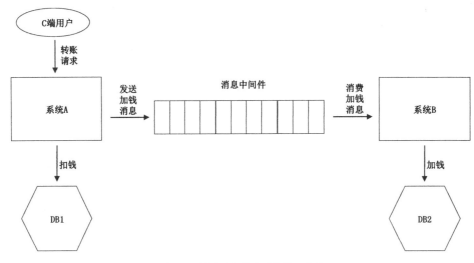

图 10-3　消息中间件实现最终一致性

下面来看最终一致性的几种具体实现思路：

1. 最终一致性：错误的方案 0

有人可能会想，可以把"发送加钱消息"这个网络调用和更新 DB1 放在同一个事务里面，如果发送消息失败，更新 DB 自动回滚。这样不就可以保证两个操作的原子性了吗？

这个方案看似正确，其实是错误的，原因有两点：

1）网络的 2 将军问题：发送消息失败，发送方并不知道是消息中间件没有收到消息，还是消息已经收到了，只是返回 response 的时候失败了？

如果已经收到消息了，而发送端认为没有收到，执行 update DB 的回滚操作，则会导致账户 A 的钱没有扣，账户 B 的钱却被加了。

2）把网络调用放在数据库事务里面，可能会因为网络的延时导致数据库长事务。严重的会阻塞整个数据库，风险很大。

2. 最终一致性：第 1 种实现方式（业务方自己实现）

假设消息中间件没有提供"事务消息"功能，比如用的是 Kafka。该如何解决这个问题呢？

消息中间件实现最终一致性示意图如图 10-4 所示。

1）系统 A 增加一张消息表，系统 A 不再直接给消息中间件发送消息，而是把消息写入到这张消息表中。把 DB1 的扣钱操作（表 1）和写入消息表（表 2）这两个操作放在一个数据库事务里，保证两者的原子性。

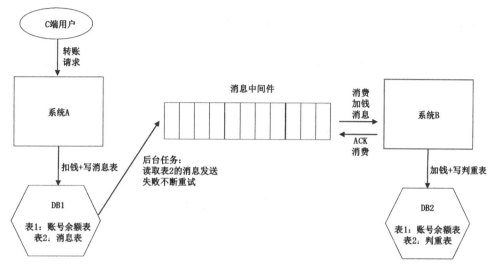

图 10-4　消息中间件实现最终一致性示意图

2）系统 A 准备一个后台程序，源源不断地把消息表中的消息传送给消息中间件。如果失败了，也不断尝试重传。因为网络的 2 将军问题，系统 A 发送给消息中间件的消息网络超时了，消息中间件可能已经收到了消息，也可能没有收到。系统 A 会再次发送该消息，直到消息中间件返回成功。所以，系统 A 允许消息重复，但消息不会丢失，顺序也不会打乱。

3）通过上面的两个步骤，系统 A 保证了消息不丢失，但消息可能重复。系统 B 对消息的消费要解决下面两个问题：

问题 1：丢失消费。系统 B 从消息中间件取出消息（此时还在内存里面），如果处理了一半，系统 B 宕机并再次重启，此时这条消息未处理成功，怎么办？

答案是通过消息中间件的 ACK 机制，凡是发送 ACK 的消息，系统 B 重启之后消息中间件不会再次推送；凡是没有发送 ACK 的消息，系统 B 重启之后消息中间件会再次推送。

但这又会引发一个新问题，就是下面问题 2 的重复消费：即使系统 B 把消息处理成功了，但是正要发送 ACK 的时候宕机了，消息中间件以为这条消息没有处理成功，系统 B 再次重启的时候又会收到这条消息，系统 B 就会重复消费这条消息（对应加钱类的场景，账号里面的钱就会加两次）

问题 2：重复消费。除了 ACK 机制，可能会引起重复消费；系统 A 的后台任务也可能给消息中间件重复发送消息。

为了解决重复消息的问题，系统 B 增加一个判重表。判重表记录了处理成功的消息 ID 和消息中间件对应的 offset（以 Kafka 为例），系统 B 宕机重启，可以定位到 offset 位置，从这之后开始继续消费。

每次接收到新消息，先通过判重表进行判重，实现业务的幂等。同样，对 DB2 的加钱操作和消息写入判重表两个操作，要在一个 DB 的事务里面完成。

这里要补充的是，消息的判重不止判重表一种方法。如果业务本身就有业务数据，可以判断出消息是否重复了，就不需要判重表了。

通过上面三步，实现了消息在发送方的不丢失、在接收方的不重复，联合起来就是消息的不漏不重，严格实现了系统 A 和系统 B 的最终一致性。

但这种方案有一个缺点：系统 A 需要增加消息表，同时还需要一个后台任务，不断扫描此消息表，会导致消息的处理和业务逻辑耦合，额外增加业务方的开发负担。

3. 最终一致性：第二种实现方式（基于 RocketMQ 事务消息）

为了能通过消息中间件解决该问题，同时又不和业务耦合，RocketMQ 提出了"事务消息"的概念，如图 10-5 所示。

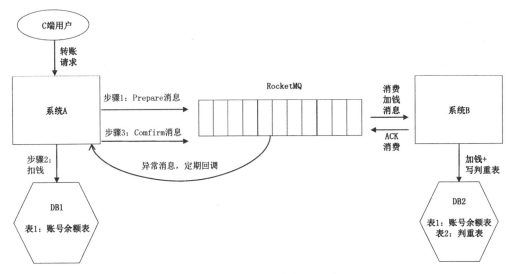

图 10-5　RocketMQ 事务消息示意图

RocketMQ 不是提供一个单一的"发送"接口，而是把消息的发送拆成了两个阶段，Prepare 阶段（消息预发送）和 Confirm 阶段（确认发送）。具体使用方法如下：

步骤 1：系统 A 调用 Prepare 接口，预发送消息。此时消息保存在消息中间件里，但消息中间件不会把消息给消费方消费，消息只是暂存在那。

步骤 2：系统 A 更新数据库，进行扣钱操作。

步骤 3：系统 A 调用 Comfirm 接口，确认发送消息。此时消息中间件才会把消息给消费方进行消费。

显然，这里有两种异常场景：

场景 1：步骤 1 成功，步骤 2 成功，步骤 3 失败或超时，怎么处理？

场景 2：步骤 1 成功，步骤 2 失败或超时，步骤 3 不会执行。怎么处理？

这就涉及 RocketMQ 的关键点：RocketMQ 会定期（默认是 1min）扫描所有的预发送但还没有确认的消息，回调给发送方，询问这条消息是要发出去，还是取消。发送方根据自己的业务数据，知道这条消息是应该发出去（DB 更新成功了），还是应该取消（DB 更新失败）。

对比最终一致性的两种实现方案会发现，RocketMQ 最大的改变其实是把"扫描消息表"这件事不让业务方做，而是让消息中间件完成。

至于消息表，其实还是没有省掉。因为消息中间件要询问发送方事物是否执行成功，还需要一个"变相的本地消息表"，记录事务执行状态和消息发送状态。

同时对于消费方，还是没有解决系统重启可能导致的重复消费问题，这只能由消费方解决。需要设计判重机制，实现消息消费的幂等。

4. 人工介入

无论方案 1，还是方案 2，发送端把消息成功放入了队列中，但如果消费端消费失败怎么办？

如果消费失败了，则可以重试，但还一直失败怎么办？是否要自动回滚整个流程？

答案是人工介入。从工程实践角度来讲，这种整个流程自动回滚的代价是非常巨大的，不但实现起来很复杂，还会引入新的问题。比如自动回滚失败，又如何处理？

对应这种发生概率极低的事件，采取人工处理会比实现一个高复杂的自动化回滚系统更加可靠，也更加简单。

10.2.3 TCC

2PC 通常用来解决两个数据库之间的分布式事务问题，比较局限。现在企业采用的是各式各样的 SOA 服务，更需要解决两个服务之间的分布式事务问题。

为了解决 SOA 系统中的分布式事务问题，支付宝提出了 TCC。TCC 是 Try、Confirm、Cancel 三个单词的缩写，其实是一个应用层面的 2PC 协议，Confirm 对应 2PC 中的事务提交操作，Cancel 对应 2PC 中的事务回滚操作，如图 10-6 所示。

（1）准备阶段。调用方调用所有服务方提供的 Try 接口，该阶段各调用方做资源检查和资源锁定，为接下来的阶段 2 做准备。

（2）提交阶段。如果所有服务方都返回 YES，则进入提交阶段，调用方调用各服务方的 Confirm 接口，各服务方进行事务提交。如果有一个服务方在阶段 1 返回 NO 或者超时了，则调用方调用各服务方的 Cancel 接口，如图 10-7 所示。

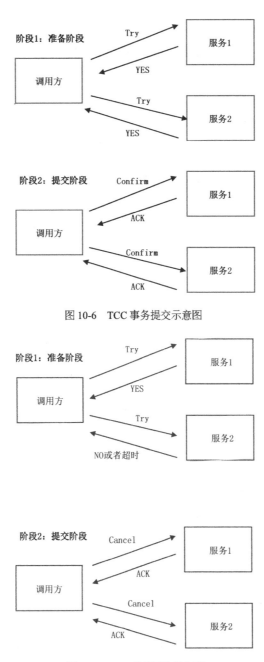

图 10-6　TCC 事务提交示意图

图 10-7　TCC 事务回滚示意图

　　这里有一个关键问题：TCC 既然也借鉴 2PC 的思路，那么它是如何解决 2PC 的问题的呢？也就是说，在阶段 2，调用方发生宕机，或者某个服务超时了，如何处理呢？

答案是：不断重试！不管是 Confirm 失败了，还是 Cancel 失败了，都不断重试。这就要求 Confirm 和 Cancel 都必须是幂等操作。注意，这里的重试是由 TCC 的框架来执行的，而不是让业务方自己去做。

下面以一个转账的事件为例，来说明 TCC 的过程。假设有三个账号 A、B、C，通过 SOA 提供的转账服务操作。A、B 同时分别要向 C 转 30 元、50 元，最后 C 的账号+80 元，A、B 各减 30 元、50 元。

阶段 1：分别对账号 A、B、C 执行 Try 操作，A、B、C 三个账号在三个不同的 SOA 服务里面，也就是分别调用三个服务的 Try 接口。具体来说，就是账号 A 锁定 30 元，账号 B 锁定 50 元，检查账号 C 的合法性，比如账号 C 是否违法被冻结，账号 C 是否已注销。

所以，在这个场景里面，对应的"扣钱"的 Try 操作就是"锁定"，对应的"加钱"的 Try 操作就是检查账号合法性，为的是保证接下来的阶段 2 扣钱可扣、加钱可加！

阶段 2：A、B、C 的 Try 操作都成功，执行 Confirm 操作，即分别调用三个 SOA 服务的 Confirm 接口。A、B 扣钱，C 加钱。如果任意一个失败，则不断重试，直到成功为止。

从案例可以看出，Try 操作主要是为了"保证业务操作的前置条件都得到满足"，然后在 Confirm 阶段，因为前置条件都满足了，所以可以不断重试保证成功。

10.2.4 事务状态表+调用方重试+接收方幂等

同样以转账为例，介绍一种类似于 TCC 的方法。TCC 的方法通过 TCC 框架内部来做，下面介绍的方法是业务方自己实现的。

调用方维护一张事务状态表（或者说事务日志、日志流水），在每次调用之前，落盘一条事务流水，生成一个全局的事务 ID。事务状态表的表结构如表 10-1 所示。

表 10-1 事务状态表的表结构

事务 ID	事务内容	事务状态（枚举类型）
ID1	操作 1：账号 A 减 30 操作 2：账号 B 减 50 操作 3：账号 C 加 80	状态 1：初始 状态 2：操作 1 成功 状态 3：操作 1、2 成功 状态 4：操作 1、2、3 成功

初始是状态 1，每调用成功 1 个服务则更新 1 次状态，最后所有系统调用成功，状态更新到状态 4，状态 2、3 是中间状态。当然，也可以不保存中间状态，只设置两个状态：Begin 和 End。事务开始之前的状态是 Begin，全部结束之后的状态是 End。如果某个事务一直停留在 Begin 状态，则说明该事务没有执行完毕。

然后有一个后台任务，扫描状态表，在过了某段时间后（假设 1 次事务执行成功通常最多花费 30s），状态没有变为最终的状态 4，说明这条事务没有执行成功。于是重新调用系统 A、B、C。保证这条流水的最终状态是状态 4（或 End 状态）。当然，系统 A、B、C 根据全局的事务 ID 做幂等操作，所以即使重复调用也没有关系。

补充说明：

1）如果后台任务重试多次仍然不能成功，要为状态表加一个 Error 状态，通过人工介入干预。

2）对于调用方的同步调用，如果部分成功，此时给客户端返回什么呢？

答案是不确定，或者说暂时未知。只能告诉用户该笔钱转账超时，请稍后再来确认。

3）对于同步调用，调用方调用 A 或 B 失败的时候，可以重试三次。如果重试三次还不成功，则放弃操作，再交由后台任务后续处理。

10.2.5 对账

把 10.2.4 节的方案扩展一下，岂止事务有状态，系统中的各种数据对象都有状态，或者说都有各自完整的生命周期，同时数据与数据之间存在着关联关系。我们可以很好地利用这种完整的生命周期和数据之间的关联关系，来实现系统的一致性，这就是"对账"。

在前面，我们把注意力都放在了"过程"中，而在"对账"的思路中，将把注意力转移到"结果"中。什么意思呢？

在前面的方案中，无论最终一致性，还是 TCC、事务状态表，都是为了保证"过程的原子性"，也就是多个系统操作（或系统调用），要么全部成功，要么全部失败。

但所有的"过程"都必然产生"结果"，过程是我们所说的"事务"，结果就是业务数据。一个过程如果部分执行成功、部分执行失败，则意味着结果是不完整的。从结果也可以反推出过程出了问题，从而对数据进行修补，这就是"对账"的思路！

下面举几个对账的例子。

案例 1：电商网站的订单履约系统。一张订单从"已支付"，到"下发给仓库"，到"出仓完成"。假定从"已支付"到"下发给仓库"最多用 1 个小时；从"下发给仓库"到"出仓完成"最多用 8 个小时。意味着只要发现 1 个订单的状态过了 1 个小时之后还处于"已支付"状态，就认为订单下发没有成功，需要重新下发，也就是"重试"。同样，只要发现订单过了 8 个小时还未出仓，这时可能会发出报警，仓库的作业系统是否出了问题……诸如此类。

这个案例跟事务的状态很类似：一旦发现系统中的某个数据对象过了一个限定时间生命周期仍然没有走完，仍然处在某个中间状态，就说明系统不一致了，要进行某种补偿操作（比如重试或报警）。

更复杂一点：订单有状态，库存系统的库存也有状态，优惠系统的优惠券也有状态，根据业务规则，这些状态之间进行比对，就能发现系统某个地方不一致，做相应的补偿。

案例 2：微博的关注关系。需要存两张表，一张是关注表，一张是粉丝表，这两张表各自都是分库分表的。假设 A 关注了 B，需要先以 A 为主键进行分库，存入关注表；再以 B 为主键进行分库，存入粉丝表。也就是说，一次业务操作，要向两个数据库中写入两条数据，如何保证原子性？

案例 3：电商的订单系统也是分库分表的。订单通常有两个常用的查询维度，一个是买家，一个是卖家。如果按买家分库，按卖家查询就不好做；如果按卖家分库，按买家查询就不好做。这种通常会把订单数据冗余一份，按买家进行分库分表存一份，按卖家再分库分表存一份。和案例 2 存在同样的问题：一个订单要向两个数据库中写入两条数据，如何保证原子性？

如果把案例 2、案例 3 的问题看作为一个分布式事务的话，可以用最终一致性、TCC、事务状态表去实现，但这些方法都太重，一个简单的方法是"对账"。

因为两个库的数据是冗余的，可以先保证一个库的数据是准确的，以该库为基准校对另外一个库。

对账又分为全量对账和增量对账：

（1）全量对账。 比如每天晚上运作一个定时任务，比对两个数据库。

（2）增量对账。 可以是一个定时任务，基于数据库的更新时间；也可以基于消息中间件，每一次业务操作都抛出一个消息到消息中间件，然后由一个消费者消费这条消息，对两个数据库中的数据进行比对（当然，消息可能丢失，无法百分之百地保证，还是需要全量对账来兜底）。

总之，对账的关键是要找出"数据背后的数学规律"。有些规律比较直接，谁都能看出来，比如案例 2、案例 3 的冗余数据库；有些规律隐含一些，比如案例 1 的订单履约的状态。找到了规律就可以基于规律进行数据的比对，发现问题，然后补偿。

10.2.6 妥协方案：弱一致性+基于状态的补偿

可以发现：

- "最终一致性"是一种异步的方法，数据有一定延迟；
- TCC 是一种同步方法，但 TCC 需要两个阶段，性能损耗较大；
- 事务状态表也是一种同步方法，但每次要记事务流水，要更新事务状态，很烦琐，性能也有损耗；
- "对账"也是一个事后过程。

如果需要一个同步的方案，既要让系统之间保持一致性，又要有很高的性能，支持高并发，应该怎么处理呢？

如图 10-8 所示，电商网站的下单至少需要两个操作：创建订单和扣库存。订单系统有订单的数据库和服务，库存系统有库存的数据库和服务。先创建订单，后扣库存，可能会创建订单成功，扣库存失败；反过来，先扣库存，后创建订单，可能会扣库存成功，创建订单失败。如何保证创建订单 + 扣库存两个操作的原子性，同时还要能抵抗线上的高并发流量？

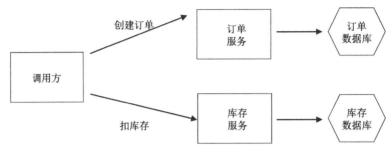

图 10-8　电商系统的下单场景

如果用最终一致性方案，因为是异步操作，如果库存扣减不及时会导致超卖，因此最终一致性的方案不可行；如果用 TCC 方案，则意味着一个用户请求要调用两次（Try 和 Confirm）订单服务、两次（Try 和 Confirm）库存服务，性能又达不到要求。如果用事务状态表，要写事务状态，也存在性能问题。

既要满足高并发，又要达到一致性，鱼和熊掌不能兼得。可以利用业务的特性，采用一种弱一致的方案。

对于该需求，有一个关键特性：对于电商的购物来讲，允许少卖，但不能超卖。比如有 100 件东西，卖给 99 个人，有 1 件没有卖出去，这是可以接受的；但如果卖给了 101 个人，其中 1 个人拿不到货，平台违约，这就不能接受。而该处就利用了这个特性，具体做法如下。

方案 1：先扣库存，后创建订单。

如表 10-2 所示，有三种情况：

1）扣库存成功，提交订单成功，返回成功。

2）扣库存成功，提交订单失败，返回失败，调用方重试（此处可能会多扣库存）。

3）扣库存失败，不再提交订单，返回失败，调用方重试（此处可能会多扣库存）。

表 10-2　先扣库存后创建订单的三种情况

	扣 库 存	创建订单	返回结果
Case1	成功	成功	成功
Case2	成功	失败	失败
Case3	失败	无	失败

方案 2：先创建订单，后扣库存。

如表 10-3 所示，也有三种情况：

1）提交订单成功，扣库存成功，返回成功。

2）提交订单成功，扣库存失败，返回失败，调用方重试（此处可能会多扣库存）。

3）提交订单失败，不再扣库存，调用方重试。

表 10-3　先创建订单后扣库存的三种情况

	创建订单	扣 库 存	返回结果
Case1	成功	成功	成功
Case2	成功	失败	失败
Case3	失败	无	失败

无论方案 1，还是方案 2，只要最终保证库存可以多扣，不能少扣即可。

但是，库存多扣了，数据不一致，怎么补偿呢？

库存每扣一次，都会生成一条流水记录。这条记录的初始状态是"占用"，等订单支付成功后，会把状态改成"释放"。

对于那些过了很长时间一直是占用，而不释放的库存，要么是因为前面多扣造成的，要么是因为用户下了单但没有支付。

通过比对，得到库存系统的"占用又没有释放的库存流水"与订单系统的未支付的订单，就可以回收这些库存，同时把对应的订单取消。类似 12306 网站，过一定时间不支付，订单会取消，将库存释放。

10.2.7　妥协方案：重试+回滚+报警+人工修复

上文介绍了基于订单的状态 + 库存流水的状态做补偿（或者说叫对账）。如果业务很复杂，状态的维护也很复杂，就可以采用下面这种更加妥协而简单的方法。

按方案 1，先扣库存，后创建订单。不做状态补偿，为库存系统提供一个回滚接口。创建订单如果失败了，先重试。如果重试还不成功，则回滚库存的扣减。如回滚也失败，则发报警，进行人工干预修复。

总之，根据业务逻辑，通过三次重试或回滚的方法，最大限度地保证一致。实在不一致，就发报警，让人工干预。只要日志流水记录得完整，人工肯定可以修复！ 通常只要业务逻辑本身没问题，重试、回滚之后还失败的概率会比较低，所以这种办法虽然丑陋，但很实用。

10.2.8 总结

本章总结了实践中比较可靠的七种方法：两种最终一致性的方案，两种妥协办法，两种基于状态 + 重试 + 幂等的方法（TCC，状态机+重试+幂等），还有一种对账方法。

在实现层面，妥协和对账的办法最容易，最终一致性次之，TCC 最复杂。

第**11**章 | 多副本一致性

无论 MySQL 的 Master/Slave，还是 Redis 的 Master/Slave，或是 Kafka 的多副本复制，都是通过牺牲一致性来换取高可用性的。

但如果需要一个既满足高可用，又满足强一致的系统，就需要一致性算法或说一致性协议——Paxos、Raft、Zab。

一致性算法本身很复杂，要实现一个工业级的一致性系统则更难。在具体解析这些算法之前，先看一下业界基于这些算法的工程实现都有哪些，如表 11-1 所示。

表 11-1　不同一致性算法的工程实现

算　　法	工程实现
Paxos	<ul><li>腾讯公司的 PhxPaxos、PhxSQL、PaxosStore</li><li>阿里公司的 AliSQL X-Cluster、X-Paxos</li><li>MySQL 的 MGR</li><li>Google 公司的分布式锁服务 Chubby</li></ul>
Raft	<ul><li>阿里云的 RDS（Relation Database Service）</li><li>etcd</li><li>TiDB</li><li>百度公司的 bRaft</li></ul>
Zab	<ul><li>ZooKeeper</li></ul>

11.1　高可用且强一致性到底有多难

要了解做一个高可用、强一致性的系统有多么难，可以从 Kafka 的消息丢失和消息错乱的案例开始。

11.1.1　Kafka 的消息丢失问题

熟悉 Kafka 的人知道，如果客户端是异步发送（有内存队列），则客户端宕机再重启，部分消息就丢失了；如果 ACK=1，也就是只 Master 收到消息，就给客户端返回成功，Master 到 Slave

之间异步复制，这时 Master 宕机切换到 Slave，消息也会丢失。

但这里要说的是：即使客户端同步发送，服务器端 ACK=ALL（或者–1），也就是等 Master 把消息同步给所有的 Slave 后，再成功返回给客户端，这样如此"可靠"的情况下，消息仍然可能丢失！

这个丢失不是指没有 Flush 刷盘，所有的机器同时宕机导致的丢失。而是说 Master 宕机，切换到 Slave，可能导致消息丢失。

这个丢失是由 Kafka 的 ISR 算法本身的缺陷导致的，而不是系统问题。关于这个问题，在 Kafka 的 KIP 101 中有详细论述，读者可以在网上找到相应的官方文档。下面就来详细分析这个丢失的场景。

如图 11-1 所示，假设一个 Topic 的一个 Partition 有三台机器，一个 Master 和两个 Slave。

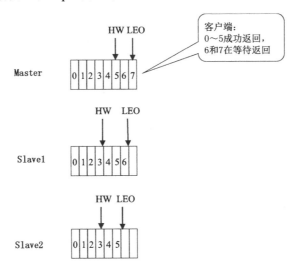

图 11-1　Kafka LEO 和 HW 示意图

日志（也就是消息）有两个关键的变量需要记录，LEO 和 HW。

LEO（Log End Offset）是日志里最后一条记录的 Offset 所在位置；

HW（High Water）取的是 Master 和两个 Slave 的 HW 的最小值，表示已经复制成功的消息的最大 Offset。

LEO 变量很好理解，但为什么要有 HW 变量呢？

以该场景为例，Master 的 LEO = 7，Slave1 的 LEO = 6，Slave2 的 LEO = 5。在讲高并发的时候提到过，Kafka 用的是 PipeLine，各个 Slave 是从 Master 处批量地拉取日志，所以各个节点的 LEO 是不相等的。

HW 取三个 LEO 的最小值，也就是 HW = 5，也就是说：5 之前的日志（包括 5）已经被复制到所有机器，6 和 7 还在处理中。对于客户端来说，就是 0～5 已经成功返回，6 和 7 还在等待 Master 复制。

问题就出在 HW 上面：HW 的真实值是 5，在 Master 上面。但是 Slave1 和 Slave2 的 HW 的值还是 3，没来得及更新到 5。为什么会是这样呢？

Master 是等 Slave1 和 Slave2 把 HW=5 之前的日志都复制过去之后，才把 HW 更新到 5 的。但它把 HW=5 传递给 Slave1 和 Slave2，要等到下一个网络来回，也就是说：先通知客户端 5 之前的都写入成功了，等下一个网络来回，再把 HW=5 这个消息通知给 Slave1 和 Slave2。但等它把 HW=5 传递给 Slave1 和 Slave2 的时候，自己可能已经更新到 HW=7。这意味着，Slave1 和 Slave2 上的 HW 的值一直会比 Master 延迟一个网络来回。

如果不发送 Master/Slave 的切换，则没有问题；但发生切换之后，问题就出现了。

假设这时 Master 宕机，切换到了 Slave1，会发生什么？对于客户端来说，0～5 成功了，6 和 7 肯定是超时或者网络出错。6 和 7 这两条日志是会被丢弃，还是保留？下面分几种场景讨论。

场景 1：Slave1 变成了 Master，Slave2 要从 Slave1 开始同步数据。这如何做到呢？过程如下：

Slave2 为了和 Slave1 对齐，首先会做 HW 截断，也就是把 HW=3 之后的日志全部删除，因为对于 Slave2 来说，它只能保证 HW=3 之前的是正确的，3 和 5 之间的部分处于不确定状态，所以要删除，然后从 Slave2 开始同步，把 3 和 6 之间的部分（4、5、6）同步过来。

所以最终结果是：6 被保留，7 被丢弃。根据网络的 2 将军问题，这是正确的。对于客户端来说，6 和 7 本来就处于不确定状态，服务器无论丢弃，还是保留，都是对的。

场景 2：Slave2 发生 HW 截断，然后变成了 Master，发生数据丢失。

Slave2 发生 HW 截断之后，也就是 HW=3 之后的数据删除了，此时 HW=LEO=3。就在这时，又发生了一次 Master 切换（Slave1 也宕机，Slave2 变成了 Master，然后 Slave1 又恢复，从 Slave2 同步数据）。

此时，所有的节点都从 Slave2 同步数据，HW=LEO=3，4 和 5 两条日志就丢失了！对于客户端来说，4 和 5 明明返回成功了，现在却丢失了，系统出现错误！

出现这个问题的原因是：Slave2 做了 HW 截断。为什么要截断呢？为了和 Slave1 保持数据一致。因为 HW 有一个网络延迟，当 Master 宕机后，Slave1 和 Slave2 都不知道最新的日志到底同步到哪里了。为保险起见，Slave2 根据自己的 HW 把日志截断，然后从 Slave1 同步数据。

如图 11-2 所示，把场景简化一下，变为只有两台机器，一个 Master 和一个 Slave。Master 宕机，Slave1 也宕机，然后 Slave1 重启变成了 Master，Master 重启变成了 Slave（Master 和 Slave

角色发生了互换）。Slave1 会发生 HW 截断，HW=LOE=3，Master 为了从 Slave1 同步数据，也会发生 HW 截断，HW=LOE=3，发生同样的问题，4 和 5 丢失。

总结一下，HW 会在两种场景下发生截断：

1）新的 Master 上位，其他 Slave 要从新的 Master 处同步数据。在同步之前，会先根据 HW 截断自己的日志。

2）机器宕机重启，要做 HW 截断。

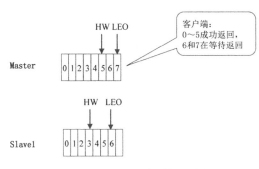

图 11-2　Kafka 丢数据简化场景

为了解决该问题，一个方法是不要让 HW 延迟一个网络来回，就是 Master 等所有 Slave 都更新了 HW 后再更新自己的 HW。但这需要一个网络来回确认，对客户端来说无法接受。并且即使这样也有问题，如果所有的 Slave 都把自己的 HW 更新了，Master 正要更新自己的 HW 的时候出现宕机，会导致 Master 的 HW 比 Slave 的 HW 还要小，又会引发其他问题。

另外一个解决方法是 Slave 不做 HW 截断，Slave2 和 Slave1 对比 HW=3 以后的部分，不一样的补齐。但这无法解决另外一个问题：如果这时 Master 恢复了，变成了 Slave，也要从 Slave2 同步数据，怎么处理？老的 Master 的 HW 已经等于 5，新的 Master 的 HW 也追上了 5，同时新的 Master 已经新写入了消息 8（还未同步到其他节点），如图 11-3 所示。此时老 Master 还要做 HW 截断，把 5 之后的删除，然后将 6 和 8 同步过来，用 8 覆盖自己的 7。

11.1.2　Kafka 消息错乱问题

除了 HW 截断会导致日志（消息）丢失，还存在日志错乱问题。发生日志错乱的场景的前提是"异步刷盘"。因为 Kafka 默认是异步刷盘，每 3s 调用一次 fsync。当然，Kafka 也支持同步刷盘，也就是说可以每写入一条消息就刷盘一次。

仍然以上面的场景为例，Master 的 HW=5 表示 5 之前（包括 5）的消息已复制成功。但由于是异步刷盘，Master 宕机后，Slave1 也宕机（断电系统重启）之后重启，成为 Master，此时消息 5 就丢失了，如图 11-4 所示。

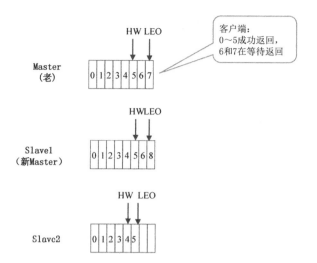

图 10-3 老 Master 要从新 Master 同步数据

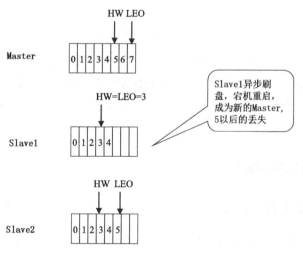

图 11-4 Slave1 异步刷盘导致消息 5 丢失

在此基础上，Slave1 接着接收新消息进行复制，在本来属于 5 的位置写入了消息 8 变成如图 11-5 所示。然后老 Master 宕机之后又重启，变成 Slave，从 Slave1 同步数据。因为老 Master 的 HW=5，所以只会从 5 之后的位置开始同步数据。这会导致 Master 和 Slave1 在 HW=5 的位置日志不一致，也就是发生了日志错乱。

当然，如果改成同步刷盘，每写一条日志就刷一次磁盘，不会发生这个问题。但同步刷盘的性能损失太大，所以默认用的是异步刷盘。而在异步刷盘的情况下，可能发生日志错乱，这要比日志丢失更严重。

为了解决这些问题，KIP 101 引入了 Leader Epoch 的概念，这和 Raft 的思路类似，有兴趣的读者可以参看 KIP 101 的官方文档，此处不再展开论述。

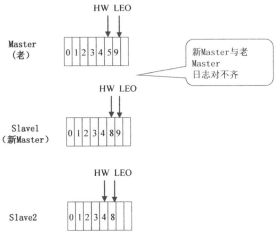

图 11-5　Kafka 消息错乱

通过案例分析，可以看到在一个不稳定的基础之上（机器可能宕机、网络可能延迟），要建立一个强一致性的系统有很大的难度，如果再把性能也考虑进去，更是难上加难。

正因为如此，工程师针对一致性问题研究了诸多算法。下面就逐一深入分析目前在业界被广泛采用的几种一致性算法。

11.2　Paxos 算法解析

11.2.1　Paxos 解决什么问题

大家对 Paxos 的看法基本是"晦涩难懂"，虽然论文和网上文章也很多，但总觉得"云山雾罩"，也不知道其具体原理以及到底能解决什么问题。

究其原因，一方面是很多 Paxos 的资料都是在通过形式化的证明去论证算法的正确性，自然艰深晦涩；另一方面，基于 Paxos 的成熟工程实践并不多。

本章试图由浅入深，从问题出发，一点点地深入 Paxos 的世界。

1．一个基本的并发问题

先看一个基本的并发问题，如图 11-6 所示。假设有一个 KV 存储集群，三个客户端并发地向集群发送三个请求。请问，最后在 get(X) 的时候，X 应该等于几？

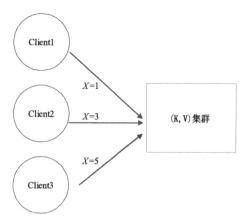

图 11-6 （K,V）集群多写

答案是：$X=1$、$X=3$ 或 $X=5$ 都是对的！但 $X=4$ 是错的！因为从客户端角度来看，三个请求是并发的，但三个请求到达服务器的顺序是不确定的，所以最终三个结果都有可能。

这里有很关键的一点：把答案换一种说法，即如果最终集群的结果是 $X=1$，那么当 Client1 发送 $X=1$ 的时候，服务器返回 $X=1$；当 Client2 发送 $X=3$ 的时候，服务器返回 $X=1$；当 Client3 发送 $X=5$ 的时候，服务器返回 $X=1$。相当于 Client1 的请求被接受了，Client2、Client3 的请求被拒绝了。如果集群最终结果是 $X=3$ 或者 $X=5$，是同样的道理。而这正是 Paxos 协议的一个特点。

2. 什么是"时序"

把问题进一步细化：假设 KV 集群有三台机器，机器之间互相通信，把自己的值传播给其他机器，三个客户端分别向三台机器发送三个请求，如图 11-7 所示。

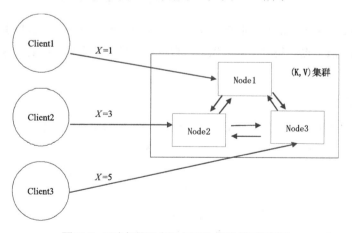

图 11-7 三台机器组成的（K,V）集群多写示意图

假设每台机器都把收到的请求按日志存下来（包括客户端的请求和其他 Node 的请求）。当三个请求执行完毕后，三台机器的日志分别应该是什么顺序？

结论是：不管顺序如何，只要三台机器的日志顺序是一样的，结果就是正确的。如图 11-8 所示，总共有 3 的全排列，即 6 种情况，都是正确的。比如第 1 种情况，三台机器存储的日志顺序都是 $X=1$、$X=3$、$X=5$，在最终集群里，X 的值肯定等于 5。其他情况类似。

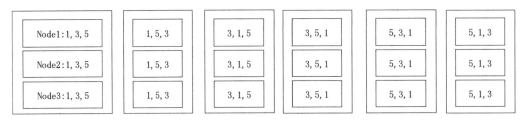

图 11-8　6 种可能的日志顺序

而下面的情况就是错误的：机器 1 的日志顺序是 1、3、5，因此最终的值就是 $X=5$；机器 2 是 3、5、1，最终值是 $X=1$；机器 3 的日志顺序是 1、5、3，最终值是 $X=3$。三台机器关于 X 的值不一致，如图 11-9 所示。

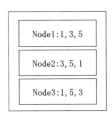

图 11-9　三台机器的日志不一致

通过这个简单的例子就能对"时序"有一个直观的了解：虽然三个客户端是并发的，没有先后顺序，但到了服务器的集群里必须保证三台机器的日志顺序是一样的，这就是所谓的"分布式一致性"。

3. Paxos 解决什么问题

在例子中，Node1 收到了 $X=1$ 之后，复制给 Node2 和 Node3；Node2 收到 $X=3$ 之后，复制给 Node1 和 Node3；Node3 收到 $X=5$ 之后，复制给 Node1 和 Node2。

客户端是并发的，三个 Node 之间的复制也是并发的，如何保证三个 Node 最终的日志顺序是一样的呢？也就是图 11-8 中 6 种正确情况中的 1 种。

比如 Node1 先收到客户端的 $X=1$，之后收到 Node3 的 $X=5$，最后收到 Node2 的 $X=3$；Node2 先收到客户端的 $X=3$，之后收到 Node1 的 $X=1$，最后收到 Node3 的 $X=5$……

如何保证三个 Node 中存储的日志顺序一样呢？这正是接下来要讲的 Paxos 要解决的问题！

11.2.2　复制状态机

在上文谈到了复制日志的问题，每个 Node 存储日志序列，Node 之间保证日志完全一样。可能有人会问：为何要存储日志，直接存储最终的数据不就行了吗？

可以把一个变量 X 或一个对象看成一个状态机。每一次写请求，就是一次导致状态机发生变化的事件，也就是日志。

以上文中最简单的一个变量 X 为例，假设只有一个 Node，3 个客户端发送了三个修改 X 的指令，最终 X 的状态就是 6，如图 11-10 所示。

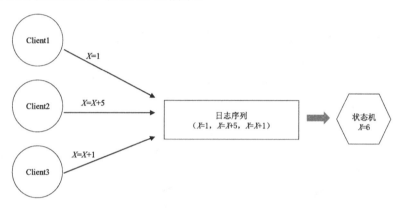

图 11-10　状态机 X 示意图

把变量 X 扩展成 MySQL 数据库，客户端发送各种 DML 操作，这些操作落盘成 Binlog。然后 Binlog 被应用，生成各种数据库表格（状态机），如图 11-11 所示。

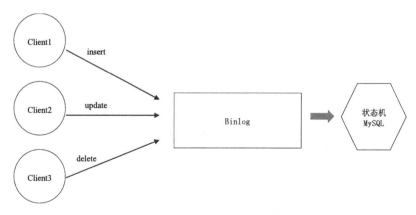

图 11-11　MySQL 状态机示意图

这里涉及一个非常重要的思想：要选择持久化变化的"事件流（也就是日志流）"，而不是选择持久化"数据本身"（也就是状态机）。为何要这么做呢？原因有很多，列举如下：

1）日志只有一种操作，就是 append。而数据或状态一直在变化，可以 add、delete、update。把三种操作转换成了一种，对于持久化存储来说简单了很多！

2）假如要做多机之间数据同步，如果直接同步状态，状态本身可能有一个很复杂的数据结构（比如关系数据库的关联表、树、图），并且状态也一直在变化，要保证多个机器数据一致，要做数据比对，就很麻烦；而如果同步日志，日志是一个一维的线性序列，要做数据比对，则非常容易！

总之，无论从持久化，还是数据同步角度来看，存储状态机的输入事件流（日志流），都比存储状态机本身更容易。

基于这种思路，可以把状态机扩展为复制状态机。状态机的原理是：一样的初始状态 + 一样的输入事件 = 一样的最终状态。因此，要保证多个 Node 的状态完全一致，只要保证多个 Node 的日志流是一样的即可！即使这个 Node 宕机，只需重启和重放日志流，就能恢复之前的状态，如图 11-12 所示。

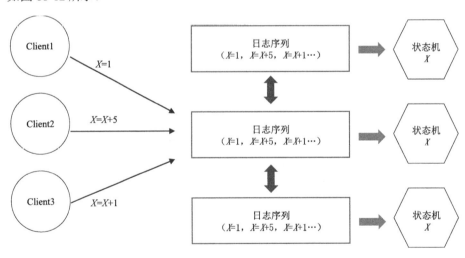

图 11-12　复制状态机模型

因此，就回到了上文最后的问题：复制日志！

复制日志 = 复制任何数据（复制任何状态机）。因为任何复杂的数据（状态机）都可以通过日志生成！

11.2.3 一个朴素而深刻的思想

Paxos 的出现先经过了 Basic Paxos 的形式化证明，之后再有 Multi Paxos，最后是应用场景。因为最开始没有先讲应用场景，所以直接看 Basic Paxos 的证明会很晦涩。本文将反过来，就以上文最后提出的问题为例，先介绍应用场景，再一步步倒推出 Paxos 和 Multi paxos。

当三个客户端并发地发送三个请求时，图 11-8 所示的 6 种可能的结果都是对的。因此，要找一种算法保证虽然每个客户端是并发地发送请求，但最终三个 Node 记录的日志的顺序是相同的，也就是图 10-8 所示的任取一种场景即可。

这里提出一个朴素而深刻的说法：全世界对数字 1，2，3，4，5，……顺序的认知是一样的！所有人、所有机器，对这个的认知都是一样的！

当我说 2 的时候，全世界的人，都知道 2 排在 1 的后面、3 的前面！2 代表一个位置，这个位置一定在（1，3）之间。

把这个朴素的想法应用到计算机里面多个 Node 之间复制日志，会变成如下这样。

当 Node1 收到 $X=1$ 的请求时，假设要把它存放到日志中 1 号位置，存放前先询问另外两台机器 1 号位置是否已经存放了 $X=3$ 或 $X=5$；如果 1 号位置被占了，则询问 2 号位置……依此类推。如果 1 号位置没有被占，就把 $X=1$ 存放到 1 号位置，同时告诉另外两个 Node，把 $X=1$ 存放到它们各自的 1 号位置！同样，Node2 和 Node3 按此执行。

这里的关键思想是：虽然每个 Node 接收到的请求顺序不同，但它们对于日志中 1 号位置、2 号位置、3 号位置的认知是一样的，大家一起保证 1 号位置、2 号位置、3 号位置存储的数据一样！

在例子中可以看到，每个 Node 在存储日志之前先要问一下其他 Node，之后再决定把这条日志写到哪个位置。这里有两个阶段：先问，再做决策，也就是 Paxos 2PC 的原型！

把问题进一步拆解，不是复制三条日志，只复制一条。先确定三个 Node 的第 1 号日志，看有什么问题？

Node1 询问后发现 1 号位置没有被占，因此它打算把 $X=1$ 传播给 Node2 和 Node3；同一时刻，Node2 询问后发现 1 号位置也没有被占，因此它打算把 $X=3$ 传播给 Node1 和 Node3；同样，Node3 也打算把 $X=5$ 传播给 Node1 和 Node2。

结果不就冲突了吗？会发现不要说多条日志，就算是只确定第 1 号位置的日志，都是个问题！

而 Basic Paxos 正是用来解决这个问题的。

首先，1 号位置要么被 Node1 占领，大家都存放 $X=1$；要么被 Node2 占领，大家都存放 $X=3$；要么是被 Node3 占领，大家都存放 $X=5$，少数服从多数！为了达到这个目的，Basic paxos 提出了一个方法，这个方法包括两点：

第 1，Node1 在填充 1 号位置的时候，发现 1 号位置的值被大多数确定了，比如是 $X=5$（node3 占领了 1 号位置，Node2 跟从了 Node3），则 Node1 就接受这个事实：1 号位置不能用了，也得把自己的 1 号位置赋值成 $X=5$。然后看 2 号位置能否把 $X=1$ 存进去。同样地，如果 2 号也被占领了，就只能把它们的值拿过来填在自己的 2 号位置。只能再看 3 号位置是否可行……

第 2，当发现 1 号位置没有被占，就锁定这个位置，不允许其他 Node 再占这个位置！除非它的权利更大。

如果发现 1 号位置为空，在提交的时候发现 1 号位置被其他 Node 占了，就会提交失败，重试，尝试第二个位置，第三个位置……

所以，为了让 1 号位置日志一样，可能要重试好多次，每个节点都会不断重试 2PC。这样不断重试 2PC，直到最终各方达成一致的过程，就是 Paxos 协议执行的过程，也就是一个 Paxos instance，最终确定一个值。而 Multi Paxos 就是重复这个过程，确定一系列值，也就是日志中的每一条！

接下来将基于这种思想详细分析 Paxos 算法本身。

11.2.4 Basic Paxos 算法

在前面的场景中提到三个 Client 并发地向三个 Node 发送三条写指令。对应到 Paxos 协议，就是每个 Node 同时充当了两个角色：Proposer 和 Acceptor。在实现过程中，一般这两个角色是在同一个进程里面的。

当 Node1 收到 Client1 发送的 $X=1$ 的指令时，Node1 就作为一个 Proposer 向所有的 Acceptor（自己和其他两个 Node）提议把 $X=1$ 日志写到三个 Node 上面。

同理，当 Node2 收到 Client2 发送的 $X=3$ 的指令，Node2 就作为一个 Proposer 向所有的 Acceptor 提议；Node3 同理。

下面详细阐述 Paxos 的算法细节。首先，每个 Acceptor 需要持久化三个变量（minProposalId，acceptProposalId，acceptValue）。在初始阶段：minProposalId = acceptProposalId = 0，acceptValue = null。然后，算法有两个阶段：P1（Prepare 阶段）和 P2（Accept 阶段）。

1. P1（Prepare 阶段）（图 11-13）

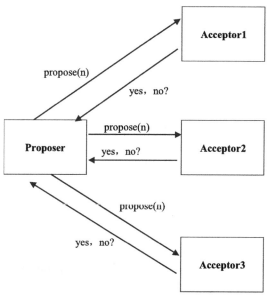

图 11-13　Prepare 阶段

P1a：Proposer 广播 prepare(n)，其中 n 是本机生成的一个自增 ID，不需要全局有序，比如可以用时间戳 ＋IP。

P1b：Acceptor 收到 prepare(n)，做如下决策：

```
if n > minProposalId, 回复 yes。
    同时 minProposalId = n（持久化），
    返回(acceptProposalId, acceptValue)
else
    回复 no
```

P1c：Proposer 如果收到半数以上的 yes，则取 acceptorProposalId 最大的 acceptValue 作为 v，进入第二个阶段，即开始广播 accept(n,v)。如果 acceptor 返回的都是 null，则取自己的值作为 v，进入第二个阶段！否则，n 自增，重复 P1a。

2．P2（Accept 阶段）（图 11-14）

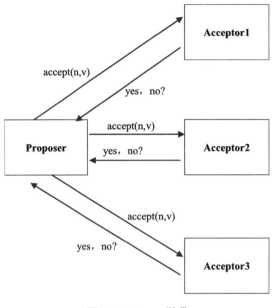

图 11-14　Accept 阶段

P2a：Proposer 广播 accept(n, v)。这里的 n 就是 P1 阶段的 n，v 可能是自己的值，也可能是第 1 阶段的 acceptValue。

P2b：Acceptor 收到 accept(n, v)，做如下决策：

```
if n > = minProposalId, 回复 yes。同时
    minProposalId = acceptProposalId = n (持久化),
    acceptValue = value
    return minProposalId
else
    回复 no
```

P2c：Proposer 如果收到半数以上的 yes，并且 minProposalId = n，则算法结束。 否则，n 自增，重复 P1a。

通过分析算法，会发现 Basic Paxos 有两个问题：

1）Paxos 是一个"不断循环"的 2PC。在 P1C 或者 P2C 阶段，算法都可能失败，重新进行 P1a。这就是通常所说的"活锁"问题，即可能陷入不断循环。

2）每确定一个值，至少需要两次 RTT（两个阶段，两个网络来回） + 两次写盘，性能也是个问题。

而接下来要讲的 Multi-Paxos 就是要解决这两个问题。

11.2.5　Multi Paxos 算法

1. 问题 1：活锁问题

在前面已经知道，Basic Paxos 是一个不断循环的 2PC。所以如果是多个客户端写多个机器，每个机器都是 Proposer，会导致并发冲突很高，也就是每个节点都可能执行多次循环才能确定一条日志。极端情况是每个节点都在无限循环地执行 2PC，也就是所谓的"活锁问题"。

为了减少并发冲突，可以变多写为单写，选出一个 Leader，只让 Leader 充当 Proposer。其他机器收到写请求，都把写请求转发给 Leader；或者让客户端把写请求都发给 Leader。

Leader 的选举方法很多，下面列举两种：

（1）方案 1：无租约的 Leader 选举

Lamport 在他的论文中给出了一个 Leader 选举的简单算法，算法如下：

1）每个节点有一个编号，选取编号最大的节点为 Leader；

2）每个节点周期性地向其他节点发送心跳，假设周期为 T ms；

3）如果一个节点在最近的 2 T ms 内还没有收到比自己编号更大的节点发来的心跳，则自己变为 Leader；

4）如果一个节点不是 Leader，则收到请求之后转发给 Leader。

可以看出，这个算法很简单，但因为网络超时原因，很可能出现多个 Leader，但这并不影响 Multi Paxos 协议的正确性，只是增大并发写冲突的概率。我们的算法并不需要强制保证，任意时刻只能有一个 Leader。

（2）方案 2：有租约的 Leader 选举

另外一种方案是严格保证任意时刻只能有一个 leader，也就是所谓的"租约"。

租约的意思是在一个限定的期限内，某台机器一直是 Leader。即使这个机器宕机，Leader 也不能切换。必须等到租期到期之后，才能开始选举新的 Leader。这种方式会带来短暂的不可用，但保证了任意时刻只会有一个 Leader。具体实现方式可以参见 PaxosLease。

2. 问题 2：性能问题

我们知道 Basic Paxos 是一个无限循环的 2PC，一条日志的确认至少需要两个 RTT + 两次落盘（一次是 Prepare 的广播与回复，一次是 Accept 的广播与回复）。如果每条日志都要两个 RTT + 两次落盘，这个性能就很差了。而 Multi Paxos 在选出 Leader 之后，可以把 2PC 优化成 1PC，也就只需要一个 RTT + 一次落盘了。

基本思路是当一个节点被确认为 Leader 之后，它先广播一次 Prepare，一旦超过半数同意，之后对于收到的每条日志直接执行 Accept 操作。在这里，Perpare 不再是对一条日志的控制了，而是相对于拿到了整个日志的控制权。一旦这个 Leader 拿到了整个日志的控制权，后面就直接略过 Prepare，直接执行 Accept。

如果有新的 Leader 出现怎么办呢？新的 Leader 肯定会先发起 Prepare，导致 minProposalId 变大。这时旧的 Leader 的广播 Accept 肯定会失败，旧的 Leader 会自己转变成一个普通的 Acceptor，新的 Leader 把旧的顶替掉了。

下面是具体的实现细节：

在 Basic Paxos 中，2PC 的具体参数形式如下：

```
prepare(n)
accept(n,v)
```

在 Multi Paxos 中，增加一个日志的 index 参数，即变成了如下形式：

```
prepare(n, index)
accept(n,v,index)
```

3．问题 3：被 choose 的日志，状态如何同步给其他机器

对于一条日志，当 Proposer（也就是 Leader）接收到多数派对 Accept 请求的同意后，就知道这条日志被"choose"了，也就是被确认了，不能再更改！

但只有 Proposer 知道这条日志被确认了，其他的 Acceptor 并不知道这条日志被确认了。如何把这个信息传递给其他 Accepotor 呢？

方案 1：Proposer 主动通知

给 accept 再增加一个参数：

```
accept(n, v, index, firstUnchoosenIndex)
```

Proposer 在广播 accept 的时候，额外带来一个参数 firstUnchoosenIndex = 7。意思是 7 之前的日志都已经"choose"了。Acceptor 收到这种请求后，检查 7 之前的日志，如果发现 7 之前的日志符合以下条件：acceptedProposal[i] == request.proposal（也就是第一个参数 n），就把该日志的状态置为 choose。

解决方案 2：Acceptor 被动查询

当一个 Acceptor 被选为 Leader 后，对于所有未确认的日志，可以逐个再执行一遍 Paxos，来判断该条日志被多数派确认的值是多少。

因为 Basic Paxos 有一个核心特性：一旦一个值被确定后，无论再执行多少遍 Paxos，该值都不会改变！因此，再执行 1 遍 Paxos，相当于向集群发起了一次查询！

至此，Multi Paxos 算法就介绍完了。回顾这个算法，有两个精髓：

精髓之 1：一个强一致的"P2P 网络"

任何一条日志，只有两种状态（choose, unchoose）。当然，还有一种状态就是 applied，也

就是被确认的日志被 apply 到状态机。这种状态跟 Paxos 协议关系不大。

choose 状态就是这条日志，被多数派接受，不可更改；

unchoose 就是还不确定，引用阿里 OceanBase 团队某工程师的话，就是"薛定谔的猫"，或者"最大 commit 原则"。一条 unchoose 的日志可能是已经被 choose 了，只是该节点还不知道；也可能是还没有被 choose。要想确认，那就再执行一次 Paxos，也就是所谓的"最大 commit 原则"。

整个 Multi Paxos 就是类似一个 P2P 网络，所有节点互相双向同步，对所有 unchoose 的日志进行不断确认的过程！在这个网络中可以出现多个 Leader，可能出现多个 Leader 来回切换的情况，这都不影响算法的正确性！

精髓之 2："时序"

Multi Paxos 保证了所有节点的日志顺序一模一样，但对于每个节点自身来说，可以认为它的日志并没有所谓的"顺序"。什么意思呢？

1）假如一个客户端连续发送了两条日志 a, b（a 没有收到回复，就发出了 b）。对于服务器来讲，存储顺序可能是 a、b，也可能是 b、a，还可能在 a、b 之间插入了其他客户端发来的日志！

2）假如一个客户端连续发送了两条日志 a、b（a 收到回复之后，再发出的 b）。对于服务器来讲，存储顺序可能是 a、b；也可能是 a、xxx、b（a 与 b 之间插入了其他客户端的日志），但不会出现 b 在 a 的前面。

所以说，所谓的"时序"，只有在单个客户端串行地发送日志时，才有所谓的顺序。多个客户端并发地写，服务器又是并发地对每条日志执行 Paxos，整体看起来就没有所谓的"顺序"。

11.3 Raft 算法解析

11.3.1 为"可理解性"而设计

2013 年，斯坦福大学的 Diego Ongaro、John Ousterhout 发表了论文 *In Search of an Understandable Consensus Algorithm*，Raft 横空出世。随后，在 2014 年 Diego Ongaro 的博士论文 *CONSENSUS: BRIDGING THEORY AND PRACTICE* 中，又对 Raft 以及相关的一致性算法进行了系统的论述。

正如 Diego Ongaro 在他的博士论文中所讲的，在之前的 10 年，Lamport 的 Paxos 几乎成了一致性算法的代名词，说到一致性算法指的是就 Paxos。

但 Paxos 最大的问题是艰深晦涩，虽然 Lamport 为了方便大家理解，去掉了形式化的数学证明，专门写了一个简单版本的论文 *Paxos Made Simple*，大家表示仍然很难看懂。另一方面，基于 Paxos 成熟的工程实践少之又少，当时知道 Google 公司的 Chubby 分布式锁服务实现了 Paxos 算法，但其代码并未开源，其实现细节也不得而知。

在这个背景下，两人设计了 Raft 算法，Raft 算法开宗名义，提到它是"Designing For Understandability"，也即把算法的"可理解性"放在了首要位置！

实际也的确如二人所言，在 Raft 算法出来之后，用 Go、C++、Java、Scala 等不同语言实现的开源版本都陆续出现。在接下来的篇章中，我们将详细解析 Raft 算法。

11.3.2　单点写入

Paxos 算法可以多点写入，不需要选举出 Leader，每个节点都可以接受客户端的写请求。虽然为了避免"活锁"问题，Multi Paxos 可以选举出一个 Leader，但也不是强制执行的，允许同一时间有多个 Leader 同时存在。多点写入，使得算法理解起来复杂了很多。

为了简化这一问题，Raft 限制为"单点写入"，如图 11-15 所示。必须选出一个 Leader，并且任一时刻只允许一个有效的 Leader 存在，所有的写请求都传到 Leader 上，然后由 Leader 同步给超过半数的 Follower。

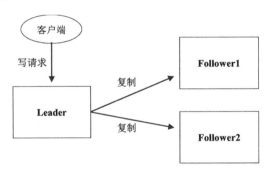

图 11-15　Raft 单写示意图

这样一来问题则简化了很多，不用考虑节点之间的双向数据同步问题，数据的同步是单向的：只会从 Leader 同步到 Follower，不会从 Follower 同步到 Leader！

整个算法的阶段划分也自然很清晰了：

阶段 1：选举阶段。选举出 Leader，其他机器为 Follower。

阶段 2：正常阶段。Leader 接收写请求，然后复制给其他 Followers。

阶段 3：恢复阶段。旧 Leader 宕机，新 Leader 上任，其他 Follower 切换到新的 Leader，开始同步数据。

后面要介绍的 Zab 算法同样也是单点写入，同样也是分为这三个阶段。

11.3.3　日志结构

在讲算法的三个阶段之前，需要先详细介绍日志的结构。因为复制的就是日志，日志的存储结构是这个算法的基石，如图 11-16 所示。

lastApplied　commitIndex

term	1	1	1	2	4	4	5	5	7	8	12	12
index	1	2	3	4	5	6	7	8	9	10	11	12
content	xx	xx	xx	xx	xx	xx	xx	xx	xx	xx	xx	xx

图 11-16　日志存储结构

1．term 与 index

每条日志里面都有两个关键字段：term 和 index。index 很好理解，就是日志的顺序编号，如 1，2，3……关键是 term。

term 是指写入日志的 Leader 所在的“任期”，或者说“轮数”，在很多其他地方里又被称为 epoch。

例如，系统在刚启动的时候，第一个被选为 Leader 的节点，其 term = 1，也就是第 1 任 Leader；随着该 Leader 宕机，在其他的 Follower 中有一个被选为 Leader，其 term = 2，也就是第 2 任 Leader；之后，该 Leader 也宕机，之前的 Leader 又被重新选为 Leader，其 term = 3，也就是第 3 任 Leader。

term 只会单调递增，日志的顺序满足一个条件：后一条日志的 term >= 前一条日志的 term。

以图 11-16 为例，日志里面没有 term = 3 的日志，意味着 term = 3 的 Leader 刚上任没多久就宕机，然后 term = 4 的 Leader 上台，开始接管日志的写入；同理，也没有 term = 6 的日志；更没有 term = 9、term = 10、term = 11 的日志，可能是这个时间段网络发生了抖动，造成 Leader 频繁切换。

关于 term，有两个关键问题需要讨论：

（1）term 有什么用？ term 的一个关键作用是可以解决 Leader 的“脑裂”问题。

如图 11-17 所示。假设一个集群有 5 台机器，当前 Leader 的 term ＝ 4，某一时刻发生了网络分区，Leader 在一个区，其他 4 个 Follower 在另外一个区。此时 Leader 没有宕机，但其他 4 个 Follower 认为它已经宕机了。

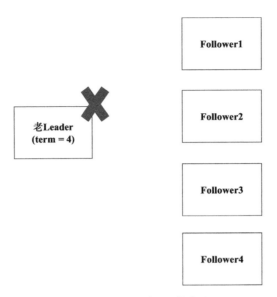

图 11-17　Leader 发生网络分区

　　这时，在其他 4 个 Follower 中又选举出了一个新的 Leader，其 term = 5，开始向其他 3 个 Follower 复制日志。过了一会儿，网络分区恢复，之前的 Leader 又加入了网络，此时，网络中出现了两个 Leader，如图 11-18 所示。

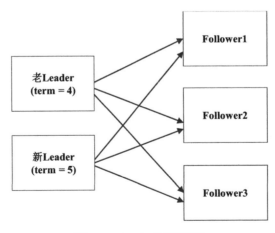

图 11-18　Leader 脑裂示意图

　　新、老 Leader 都会向 Follower 发送数据。但当老的 Leader 向其他所有 Follower 发送数据时，Follower 发现它发过来的日志里面 term = 4，就知道它是过期的 Leader，就会拒绝执行写入操作，同时会反馈给老的 Leader 说，你已经过期了！老的 Leader 知道自己过期了，会自动退位，变成 Follower。从而解决了"脑裂"问题，使得任何一个时刻，只可能有一个 Leader 有效！

（2）**term 如何全局同步**。term 如此关键，但这里有一个问题，如何保证 term 一直递增呢？term 并不是存放在一个中央存储里面，而是每个节点都保存了一个 term 的值。因为网络延迟问题，某些节点上面 term 的值可能是过期的。

例如，假设当前 term 的真实有效值是 5，但是某些节点上面 term 的值没有来得及更新，其 term = 4。这时 term = 4 的节点被选为 Leader 了，那不就出问题了吗？答案是不可能出现这个情况。

因为选举的时候是要多数派（超过半数的节点）同意的，意味着在多数派里面一定有一个节点保存了最新的 term 的值。而在选举的时候，是选日志最新的节点作为 Leader。所以，如果一个节点的 term = 4（过期的），就不可能被选为 Leader。如果一个节点被选为了 Leader，其 term 值一定是当前最大的，也就是最新的。

2. commitIndex 与 lastApplied

一条日志被 "commit"，指的是这条日志被复制到了多数派的机器。一旦一条日志被认定是 "commit"，这条日志将不能被改变，不能被删除！很显然，任何一条日志要么是 commit 状态，要么是 uncommit 状态（暂时还不确定，可能过一会儿就变成了 commit 状态）。

在这里，日志的 commit 设计应用了一个类似 TCP 协议中的技巧，可称为递增式的 commit。假设 commitIndex = 7，表示不仅 index = 7 的日志是 commit 状态，所有 index < 7 的日志也都是 commit 状态！

假设当前 Follower 的 commitIndex = 7，然后它收到 Leader 的 index = 9 的日志，它会等到 index = 8 的日志到来之后，一次性告诉 Leader 9 之前的日志都 commit 了。

这会带来两个好处：

1）不需要为每条日志都维护一个 commit 或 uncommit 状态，而只需要维护一个全局变量 commitIndex 即可。

2）Follower 不需要逐条日志地反馈 Leader，哪一条 commit 了，则哪一条 uncommit。

这个机制和 TCP 协议里面的数据包的 ACK 机制有异曲同工之妙。

至于 lastApplied 很好理解，就是记录哪些日志已经被回放到了状态机，很显然 lastApplied <= commitIndex。lastApplied 在 Raft 算法本身其实不需要，只是上层的状态机的实现所需要的。

3. State 变量

理解了日志的结构，下面来看每个节点上都维护了哪些变量，这些变量一起构成了每个节点的 State，如表 11-1 所示。

表 11-1　每个节点状态变量一览表

变量名称	变量描述	存储特性
log[]	每个节点存储的日志序列	磁盘
currentTerm	该节点看到的最新的 term	磁盘
votedFor	当前 term 下，把票投给谁了。 一个 term，只能投一次票	磁盘
commitIndex	上面已讲	内存
lastApplied	上面已讲	内存
nextIndex[]	Leader 上面，为每个 Follower 维护一个 nextIndex，即将要同步的日志的起始位置	内存，只 Leader 上面有
matchIndex[]	Leader 上面，为每个 Follower 维护的，match 日志的最大 index nextIndex 和 matchIndex 是[bein,end]关系，这个区间里面的日志意味着要复制、还没有复制的	内存，只 Leader 上面有

为什么前三个变量需要落盘，后四个变量只需要在内存中？节点宕机再重启，这些值不是都不准了吗？有兴趣的读者可以思考一下这个问题。

知道了每个节点存储的状态变量，接下来看这些变量在 Raft 算法的三个阶段是如何被使用的。

11.3.4　阶段 1：Leader 选举

任何一个节点有且仅有三种状态：Leader、Follower、Candidate。Candidate 是一个中间状态，是正在选举中，选举结束后要么切换到 Leader，要么切换到 Follower。图 11-19 展示了节点的完整状态迁移图。

图 11-19　Raft 节点的完整状态迁移图

1）初始时，所有机器处于 Follower 状态，等待 Leader 的心跳消息（一个机器成为 Leader 之后，会周期性地给其他 Follower 发心跳）。很显然，此时没有 Leader，所以收不到心跳消息。

2）当 Follower 在给定的时间（比如 2000ms）内收不到 Leader 的消息，就会认为 Leader 宕机，也就是选举超时。然后，随机睡眠 0～1000ms 之间的一个值（为了避免大家同时发起选举），把自己切换成 Candidate 状态，发起选举。

3）选举结束，自己变成 Leader 或者 Follower。

4）对于 Leader，发现有更大 term 的 Leader 存在，自己主动退位，变成 Follower。

这里有一个关键点：心跳是单向的，只存在 Leader 周期性地往 Follower 发送心跳，Follower 不会反向往 Leader 发送心跳。后面要讲的 Zab 算法是双向心跳，很显然，单向心跳比双向心跳简单很多。

下面米看选举算法的实现过程：处于 Candidate 状态的节点会向所有节点发起一个 RequestVote 的 RPC 调用，如果有超过半数的节点回复 true，则该节点成为 Leader。该 RPC 的具体实现如表 11-2 所示。

表 11-2　RequestVote RPC 实现

类　型	参　数	说　明
输入参数	term	自己将要进行选举的 term。在选举之前，把自己的 term 加 1，发起选举
	candidateId	自己的机器的编号，意思是把选票投给自己
	lastLogTerm	自己机器上最新一条日志的 term
	lastLogIndex	自己机器上最小一条日志的 index
输出参数	term	接收者的 currentTerm
	voteGranted	选举结果：true/false，表示同意/拒绝该 Candidate
接收者的处理逻辑	任何一个接收者接收到 RPC 调用，会执行如下逻辑： If term < currentTerm 返回 false If votedFor 为空或 votedFor = candidateId，并且 Candidate 的日志不比自己的日志旧，则返回 true	

这里所说的接收者包括 Leader、Follower 和其他 Candidate，Candidate 会并发地向所有接收者发起该 RPC 调用，选举结果可能有下面三种：

1）收到了多数派的机器返回 true，也就是同意该 Candidate 成为 Leader。

2）正在选举的时候，收到了某个 Leader 发来的复制日志的请求，并且 term 大于或等于自己发起的 term，知道自己不用选举了，切换成 Follower。如果 term 小于自己发起的 term，则拒绝这个请求，自己仍然是 Candidate，继续选举。

3）没有收到多数派的机器返回 true，或者某些机器没有返回，超时了。就仍然处在 Candidate 状态，过一会儿之后，重新发起选举。

通过看接收者的处理逻辑会发现，新选出的 Leader 一定拥有最新的日志。因为只有 Candidate 的日志和接收者一样新，或者比接收者还要新（反正不比接收者旧），接收者才会返回 true。

这里有一个关于日志新旧的准则：

两条日志 a 和 b，日志 a 比日志 b 新，当且仅当符合下面两个条件之一。

- term > b.term。
- term = b.term 且 a.index > b.index。

还有一点需要说明：假设有两个 Candidate，term = 5，同时发起一次选举。对于 Follower 来说，先到先得，先收到谁的请求，就把票投给谁。保证对一个 term 而言，一个 Follower 只能投一次票，如果投给了 Candidate1，就不能再投给 Candidate2。这意味着两个 Candidate 可能都得不到多数派的票，就把自己的 term 自增到 6，重新发起一次选举。

11.3.5 阶段 2：日志复制

在 Leader 成功选举出来后，接下来进入第二个阶段，正常的日志复制阶段。Leader 会并发地向所有的 Follower 发送 AppendEntries RPC 请求，只要超过半数的 Follower 复制成功，就返回给客户端日志写入成功。AppendEntries RPC 的实现如表 11-3 所示。

表 11-3　AppendEntries RPC 的实现

类　　型	参　　数	说　　明
输入参数	term	Leader 的 term
	leaderId	Leader 的机器编号
	prevLogTerm	上一次复制成功的日志中最后一条的 term
	prevLogIndex	上一次复制成功的日志中最后一条的 index 比如当前要复制的日志的 index 是 5-7，则 prevLogIndex=4，prevLogTerm 就是 index=4 位置对应的 term
	entries[]	当前将要复制的日志列表
	leaderCommit	Leader 的 commitIndex 的值
输出参数	term	接收者的 currentTerm
	success	true/false。如果 Follower 的日志包含有 prevLogIndex 和 prevLogTerm 处的日志，则返回 true
接收者的处理逻辑	任何一个接收者接收到 RPC 调用，执行如下逻辑： （1）IF term < currentTerm 返回 false （2）IF 接收者的日志在 prevLogIndex 位置的 term 不等于 prevLogTerm，则返回 false （3）IF 接收者的日志中某一条和 Leader 发过来的不匹配（index 相同的位置，term 不等），接收者删除此条日志，同时删除此条日志之后的所有日志	

类　　型	参　　数	说　　　明
接收者的 处理逻辑	（4）把 entries[]中的日志 append 到自己的日志末尾	
	（5）IF leaderCommit > commitIndex，把 commitIndex 置为 Min(leaderCommit, index of last new entry)	

在这个 RPC 里面，有两个关键的"日志一致性"保证，保证 Leader 和 Follower 日志序列完全一模一样：

（1）对于两个日志序列里面的两条日志，如果其 index 和 term 都相同，则日志的内容必定相同。

（2）对于两个日志序列，如果在 index = M 处的日志相同，则在 M 之前的所有日志也都完全相同。

在这两个保证中，第二个尤为重要！意味着：如果知道 Follower 和 Leader 在 index = 7 位置的日志是相同的，则 index = 7 之前的日志也都是相同的！

利用这个保证，Follower 接收到日志之后，可以很方便地做一致性检查：

如果发现自己的日志中没有（prevLogIndex，pevLogTerm）日志，则拒绝接收当前的复制；

如果发现自己的日志中，某个 index 位置和 Leader 发过来的不一样，则删除 index 之后的所有日志，然后从 index 的位置同步接下来的日志。

11.3.6　阶段 3：恢复阶段

当 Leader 宕机之后，选出了新的 Leader，其他的 Follower 要切换到新的 Leader，如何切换呢？

Follower 是被动的，其并不会主动发现有新的 Leader 上台了；而是新的 Leader 上台之后，会马上给所有的 Follower 发一个心跳消息，也就是一个空的 AppendEntries 消息，这样每个 Follower 都会将自己的 term 更新到最新的 term。这样旧的 Leader 即使活过来了，也没有机会再写入日志。

由此可见，对于 Raft 来说，"恢复阶段"其实很简单，是合在日志复制阶段里面的。

11.3.7　安全性保证

1. 选举的安全性保证

通过算法会发现，Leader 选举的安全性非常重要。因为 Leader 的数据是"基准"，Leader 不会从别的节点同步数据，只会是别的节点根据 Leader 的数据来删除或者追加自己的数据。

在这种情况下，Leader 上日志数据的完整性和准确性就尤为关键，必须保证新选举出来的 Leader 包含全部已经 commit 的日志，因为这些日志是已经由前一个 Leader 告诉客户端写入成功了的。至于 uncommit 的日志，无论丢弃，还是保存，都是正确的。

但这里有一个问题：Follower 的 commitIndex 要比 Leader 的延迟一次网络调用，也就是要等下一次 AppendEntries 的时候，Follower 才知道 Leader 上一次的 commitIndex 是多少，这个问题与 Kafka 丢数据的场景是一样的。

Follower 根本不知道最新的 commitIndex 在哪，它被选为了 Leader，怎么知道最新的 commit 日志一定在它的日志里面呢？

这里有一个推论性的内容：

新选出的 Leader 的日志，是超过半数的节点中最新的日志，这个"最新"，是指所有 commit 和 uncommit 日志中最新的，也因此新选出的 Leader 一定包含有所有 commit 的日志。

但这里有个关键点要说明：虽然新选出来的 Leader 包含有所有 commit 的日志，但不代表这些日志的状态都是 commit。原因在前面已经说了，新选出来的 Leader 的 commitIndex 比之前 Leader 的 commitIndex 延迟一个网络调用。

不过没关系，虽然这些日志暂时是 uncommit，但稍后一定会变成 commit，因为 Leader 不会删日志，这些日志最终都会被多数派的节点复制。

2. 前一个 term 的日志延迟 commit

新的 Leader 上台之后，对于自己 term 的日志很确信一点：就是一旦自己 term 的日志被多数派复制成功了，这些日志就是 commit 状态。但是对于前一个 term 遗留的日志，这些日志还是 uncommit 状态，那是否一旦被多数派复制成功，就认为是 commit 呢？

实际情况并非如此，在 Diego Ongaro 的博士论文中，讨论了如图 11-20 所示的场景。

有 5 个节点 $N1$、$N2$、$N3$、$N4$、$N5$，方块中的数字表示日志的 term，不是 index。

在场景（a）中，$N1$ 是 Leader，所在 term = 2，$N1$ 已把 index=2，term=2 的这条日志复制到 $N2$；

在场景（b）中，$N1$ 宕机，$N5$ 成为 Leader（$N3$、$N4$、$N5$ 构成多数派），term=3，$N5$ 刚把 index=2，term=3 的日志复制到自己本机；

在场景（c）中，$N5$ 宕机，$N1$ 被重新选为 Leader（$N1$、$N2$、$N3$ 构成多数派），term = 4，$N1$ 把 index=2，term=2 的日志复制到了多数派（$N1$、$N2$、$N3$），同时把 index=3，term=4 的日志复制到了本机。

在场景（d1）中，$N1$ 又宕机，$N5$ 再次成为 Leader，其 term=5，但它会接着把 term=3 的日志复制到多数派，直到所有机器。然后可以看到，从场景（c）到场景（d1）里面，term=2 的日志已经被复制到了多数派，但它却被 term=3 的日志覆盖了！

请问，场景（d1）是正确的还是错误的？答案是正确的！

因为从客户端的角度来看，在场景（b）的时候，$N1$ 作为 Leader 宕机，term=2 的日志返回给客户端肯定是超时或者出错。也就意味着对 term=2 的日志，服务器无论存下来，还是丢弃，都是正确的！

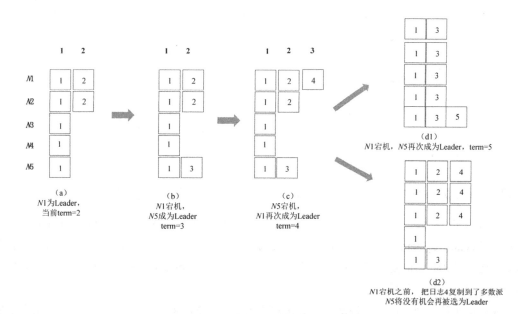

图 11-20　旧的 term 延迟 commit 示意图

但这违背了 Raft 定义的一条原则：一条日志一旦被复制到了多数派的机器，就认为这条日志是 commit 状态，这条日志就不能被覆盖。

怎么办呢？要改变 "commit" 的定义！重新定义什么叫一条日志被 commit。定义改为如下：

新的 Leader 上台后，对于旧的 term 的日志，即使已经被复制到了多数派，仍然不认为是 commit 的，只有等到新的 Leader 在自己的 term 内 commit 了日志，之前 term 的日志才能算是被认为 commit 了。这也就是（d2）的场景，N1 在宕机之前，在自己的 term 任期内把 index=3，term=4 的日志复制到了多数派，因此 term=4 的日志肯定是 commit 状态，此时 "连带" 认为 term=2 的日志也变成了 commit 状态！这就是旧的 term 的日志延迟 commit。

为什么这时 term=2 的日志可以被认为是 commit 状态呢？因为这时即使 N1 宕机，N5 也不可能再被选为 Leader（term=4 的日志已经在多数派上了），也就不可能再出现 term=2 被覆盖的情况。接下来，N5 的命运就是成为 Follower、让 term=2 的日志覆盖 term=3 的日志。

最后总结一下：站在客户端的角度，场景（d1）和（d2）都是正确的。但场景（d1）发生了多数派的日志被覆盖的情况，之所以会出现这种情况，是因为 term=2 的日志不是一次性被复制到多数派的，而是跨越了多个 term，"断断续续" 地被复制到多数派。对于这种日志，新的

Leader 上台之后不能认为这种日志是 commit 状态，而是要延迟一下，等到最新的 term 里面，有日志成为 commit 了，之前 term 的日志才"顺带"变成 commit 状态。

这也符合 Raft 的"顺序 commit"原则：如果 index = M 的日志被认为是 commit 的，那么 index < M 的所有日志，也肯定都是 commit 的。

11.4　Zab 算法解析

Zab（Zookeeper Atomic Broadcast）是 Zookeeper 使用的一个强一致性的算法。Zab 算法出现在 Paxos 之后、Raft 之前，其实 Raft 的很多思路和 Zab 很像。在详细分析 Raft 算法之后，接下来分析 Zab 会相对简单。

11.4.1　Replicated State Machine vs. Primary-Backup System

在讲 Zab 之前，需要讲解一个非常重要的模型对比：Replicated State Machine 对比 Primary-Backup System。Paxos 和 Raft 用的是前者，中文翻译为复制状态机，在前面已经有专门的论述，而 Zab 用的是后者。在 Zab 协议的论文和 Diego Ongaro 的博士论文中，也对这两种不同的模型专门做过分析。

在讲这两种模型之前，先说两个大家熟知的例子。在 MySQL 中，Binlog 有两种不同的数据格式：statement 和 raw。statement 格式存储的是原始的 SQL 语句，而 Raw 格式存储的是数据表的变化数据。在 Redis 中，有 RDB（Redis DataBase）和 AOF（Append-Only File）两种持久化方式。RDB 格式持久化的是内存的快照，AOF 格式持久化的是客户端的 set/incr/decr 指令。

通过两个常见的例子可以看到，一个持久化的是客户端的请求序列（日志序列），另外一个持久化的是数据的状态变化，前者对应的是 Replicated State Machine，后者对应的是 Primary-Backup System。

如图 11-21 所示，以一个变量 X 为例，展示了两种种模型的差别。

假设初始时 $X=0$，客户端发送了 $X=1$，$X=X+5$，$X=X+1$ 三个指令。

如果是 Replicated State Machine，节点持久化的是日志序列，在节点之间复制的是日志序列，然后把日志序列应用到状态机（X），最终 $X=7$；如果是 Primary-Backup System，则先执行 $X=1$，状态机的状态变为 $X=1$；再执行 $X=X+5$，状态机的状态变为 $X=6$；再执行 $X=X+1$，状态机的状态变为 $X=7$。在这种模型下，节点存储的不再是日志序列，而是 $X=1$、$X=6$、$X=7$ 这种状态的变化序列，节点之间复制的也是这种状态的变化序列。

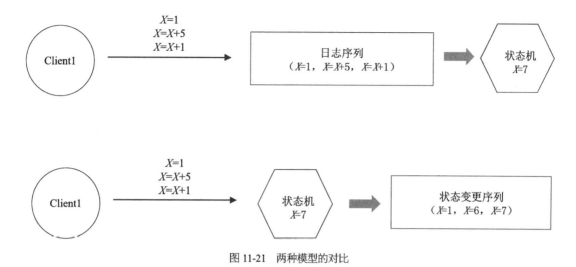

图 11-21　两种模型的对比

这两种模型有什么大的差别呢？

（1）数据同步次数不一样。 如果存储的是日志，则客户端的所有写请求都要在节点之间同步，不管状态有无变化。比如客户端连续执行三次 $X=1$、$X=1$、$X=1$，如果存储的是三条日志，在节点之间要同步三次数据；如果存储状态变化的话，则只有一条，因为后两次的写请求没有导致数据变化，在节点之间只需要同步一次数据。

（2）存储状态变化。 其天然具有幂等性，比如客户端发送了一个指令 $X=X+1$，如果存储日志 $X=X+1$，Apply 多次就会出现问题；但如果存储的是状态变化 $X=6$，即使 Apply 多次也没有关系。

具体到 Zookeeper，其数据模型是一个树状结构，对应的 Primary-Backup 复制模型如图 11-22所示。

同 Raft 一样，Zab 也是单点写入。客户端的写请求都会写入 Primary Node，Parimary Node更新自己本地的树，这棵树也就是上面所说的状态机，完全在内存当中，对应的树的变化存储在磁盘上面，称为 Transaction 日志。Primary 节点把 Transaction 日志复制到多数派的 Backup Node上面，Backup Node 根据 Transaction 日志更新各自内存中的这棵树。

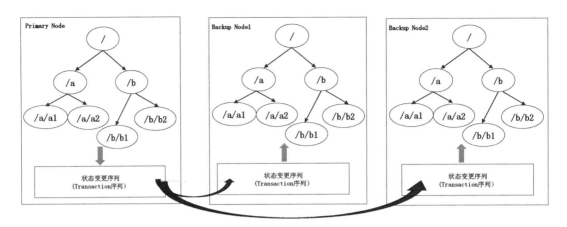

图 11-22　Zookeeper 的 Primary-Backup 复制模型

11.4.2　zxid

Zookeeper 中的 Transaction 指的并不是客户端的请求日志，而是 Zookeeper 的这棵内存树的变化。每一次客户端的写请求导致的内存树的变化，生成一个对应的 Transaction，每个 Transaction 有一个唯一的 ID，称为 zxid。

在 Raft 里面，每条日志都有一个 term 和 index，把这两个拼在一起，就类似于 zxid。zxid 是一个 64 位的整数，高 32 位表示 Leader 的任期，在 Raft 里面叫 term，这里叫 epoch；低 32 位是任期内日志的顺序编号。

对于每一个新的 epoch，zxid 的低 32 位的编号都从 0 开始。这是不同于 Raft 的一个地方，在 Raft 里面，日志的编号呈全局的顺序递增。

两条日志的新旧比较办法和 Raft 中两条日志的比较办法类似：

1）日志 a 的 epoch 大于 b 的 epoch，则日志 a 的 zxid 大于 b 的 zxid，日志 a 比日志 b 新。

2）日志 a 的 epoch 等于 b 的 epoch，并且日志 a 的编号大于日志 b 的编号，则日志 a 的 zxid 大于 b 的 zxid，日志 a 比日志 b 新。

11.4.3　"序"：乱序提交 vs. 顺序提交

在分析 Paxos 算法的时候专门讨论了"时序"背后的深刻含义。现在知道了 zxid 是有"序"的，知道了 Raft 算法中的日志也是有"序"的，在此对"时序"做一个更为深入的讨论，因为这是所有分布式一致性的基石。

Paxos 多点写入—乱序提交如图 11-23 所示。

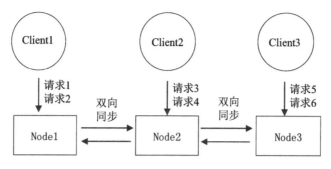

图 11-23　Paxos 多点写入—乱序提交

Node1、Node2、Node3 同时接受 Client 的写入请求，Client1 在请求 1 还没有返回之后，又发送了请求 2；同样，Client2 在请求 3 没有返回之前，发送了请求 4；Client3 类似。Client 1、Client 2、Client 3 是并行的。

试问：请求 1 到请求 6，能按时间排出顺序吗？

请求 1 和请求 2 是可以按时间排序的，如果客户端用 TCP 发送，则 Node1 肯定先收到请求 1，后收到请求 2；如果客户端用 UDP 发送，Node1 可能先收到请求 2，后收到请求 1，但无论怎样，对 Node1 来说，它可以对请求 1、请求 2 按接收到的时间顺序排序；Node2、Node3 同理。

但要对请求 1 到请求 6 做一个全局的排序，是做不到的。因为并没有一个全局的时钟，Node1、Node2、Node3 上面各有各的时钟，三个时钟无法完全对齐，虽然时间误差可能在百万分之一或千万分之一。

所以对 Paxos 来说，它的一个关键特性是"乱序提交"。也就是说，在日志里面，请求 1 到请求 6 是没有时序的，只有多个 Node 节点日志顺序一样。

即使对于单个客户端发送的请求，请求 1 和请求 2 也无法保证顺序。即 Paxos 可能会在日志里面，把请求 2 存储在请求 1 的前面。要保证顺序，只能靠客户端保证，等请求 1 返回之后，再发送请求 2，也就是同步发送，而不是异步发送。

这就是多点写入带来的问题，日志没有"时序"。而 Raft 和 Zab 都是单点写入，可以让日志有"时序"，如图 11-24 所示。

在如图 11-24（a）所示的场景中，Node1 是 Leader，所有 Client 都把写请求发送给 Node1，再由 Node1 同步给 Node2 和 Node3。虽然三个 Client 是并发发送的，但 Node1 接收肯定有先后顺序，Node1 一定可以对请求 1、请求 2、请求 3 排一个顺序，假设顺序为请求 1、请求 3、请求 2。

在如图 11-24（b）所示的场景中，Node1 宕机，Node2 选为 Leader，所有 Client 都把写请求发送给 Node2，再由 Node2 同步给 Node1 和 Node3。虽然三个 Client 是并发发送的，但 Node2 接收肯定有先后顺序，Node2 一定可以对请求 4、请求 5、请求 6 排一个顺序，假设顺序为请求

4、请求 6、请求 5。

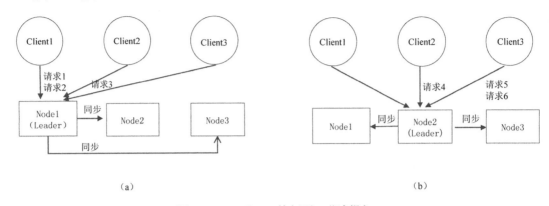

图 11-24　Raft 和 Zab 单点写入—顺序提交

Node1 宕机，Node2 才上台，之后才开始接受请求。Node1 和 Node2 也是有顺序的，Node1 的 term = 1，Node2 的 term = 2。

这样一来，对六个请求可以按时间排一个顺序，这就是"逻辑时钟"，6 个请求的顺序如下：

Term1，请求 1；

Term1，请求 3；

Term1，请求 2；

Term2，请求 4；

Term2，请求 6；

Term2，请求 5；

日志有了"时序"的保证，就相当于在全局为每条日志做了个顺序的编号！基于这个编号，就可以做日志的顺序提交、不同节点间的日志比对，回放日志的时候，也可以按照编号从小到大回放。

在 Zab 协议里面有一系列的专业名词，比如"原子广播""全序"，本书不对这些概念进一步阐释，因为很容易越阐释越混乱。基于"序"的本质概念，可以保证下面几点：

1）如果日志 a 小于日志 b，则所有节点一定先广播 a，后广播 b。

2）如果日志 a 小于日志 b，则所有节点一定先 Commit a，后 Commit b。这里的 Commit，指的是 Apply 到状态机。

11.4.4　Leader 选举：FLE 算法

理解了 Primary-Backup 模型、zxid 和"时序"的概念，接下来分析 Zab 协议。

Zab 协议本身有四个阶段，但 Zookeeper 在实现过程中实际只有三个阶段，如表 11-3 所示。

表 11-3　Zab 协议理论与实现对比

Zab 协议	阶段 1：Leader 选举
	阶段 2：Discovery（发现）
	阶段 3：Synchornization（同步）
	阶段 4：BroadCast（广播）
Zookeeper 实现	阶段 1：Leader 选举
	阶段 2：恢复阶段
	阶段 3：BroadCast（广播）

接下来直接介绍 Zookeeper 的实现算法，而不讲 Zab 的理论算法。Zookeeper 的实现和 Raft 同样也是三个阶段，第三个阶段称为广播，也就是 Raft 里面的复制。

如图 11-25 所示，Zab 和 Raft 一样，任何一个节点也是有三种状态：Leader、Follower 和 Election。

Election 状态是中间状态，也被称作"Looking"状态，在 Raft 里面叫作 Candidate 状态，其实只是名字不同而已，可以和图 11-19 进行对比。

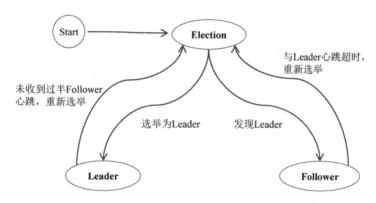

图 11-25　Zab 算法节点状态迁移图

在初始的时候，节点处于 Election 状态，然后开始发起选举，选举结束，处于 Leader 或者 Follower 状态。

在 Raft 里面，Leader 和 Follower 之间是单向心跳，只会是 Leader 给 Follower 发送心跳。但在 Zab 里面是双向心跳，Follower 收不到 Leader 的心跳，就切换到 Election 状态发起选举；反过来，Leader 收不到超过半数的 Follower 心跳，也切换到 Election 状态，重新发起选举。显然，Raft 的实现要比 Zab 简单。

至于选举方式，Raft 选取日志最新的节点作为新的 Leader，Zab 的 FLE（Fast Leader Election）算法也类似，选取 zxid 最大的节点作为 Leader。如果所有节点的 zxid 相等，比如整个系统刚初始化的时候，所有节点的 zxid 都为 0。此时，将选取节点编号最大的节点作为 Leader（Zookeeper 为每个节点配置了一个编号）。

当然，除了 FLE 算法，还有其他的选举算法，此处不再展开讨论。

11.4.5　正常阶段：2 阶段提交

Leader 选出来后，接下来的就是正常阶段：接收客户端的请求，然后复制到多数派，在 Zookeeper 里面也成为 2 阶段提交，如图 11-26 所示。

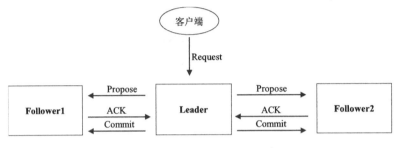

图 11-26　Zookeeper2 阶段提交示意图

阶段 1：Leader 收到客户端的请求，先发送 Propose 消息给所有的 Follower，收到超过半数的 Follower 返回的 ACK 消息。

阶段 2：给所有节点发送 Commit 消息。

这里有几个关键点要说明：

1）Commit 是纯内存操作。这里所说的 Commit 指的是 Raft 里面的 Apply，Apply 到 Zookeeper 的状态机。

2）在阶段 1，收到多数派的 ACK 后，就表示返回给客户端成功了。而不是等多数派的节点收到 Commit，再返回给客户端。

3）Propose 阶段有一次落盘操作，也就是生成一条 Transaction 日志，落盘。这与 MySQL 中 Write-ahead Log 原理类似。

11.4.6　恢复阶段

当 Leader 宕机后，新选出了 Leader，其他 Follower 要切换到新的 Leader，从新的 Leader 同步数据，这个过程也就是恢复阶段。在 Raft 里面恢复阶段很简单，新选出的 Leader 发出一个空的 AppendEntries RPC 请求，也就是复用了正常复制阶段的通信协议。

在 Zab 里面用了专门的协议，但思路和 Raft 也类似，Leader 的日志不会动，Follower 要与 Leader 做日志比对，然后可能要进行日志的截断、日志的补齐等操作。表 11-4 描述了恢复阶段

Leader 和 Follower 分别做的事情。

表 11-4　恢复阶段 Leader 和 Follower 分别做的事情对比

阶段分类	Follower	Leader
内容对比	（1）给 Leader 发送一个 FOLLOWERINFO 消息，里面携带了自己的 lastZxid （2）把 Leader 的 lastZxid 和自己的 lastZxid 进行比较，发现比自己还要小，自己进行 Election 状态，重新发起选举 （3）Follower 接收 Leader 的 TRUNC/DIFF/SNAP 指令，做对应的操作。操作完，进入正常复制阶段	（1）收到 Follower 的消息，回复一个 NEWLEADER 消息，里面携带了 Leader 自己的 lastZxid （2）把自己的 lastCommitZxid 和 Follower 的 lastZxid 比较。lastCommitZxid 表示当前 Leader 已经 Commit 的最大日志 ID （3）如果 Follower 的 lastZxid > lastCommitZxid，给 Follower 发送 TRUNC 指令，让其把 lastCommitZxid 之后的日志全部截掉 （4）如果 Follower 的 lastZxid <= lastCommitZxid，给 Follower 发送 DIFF 指令，补齐差的部分 （5）如果 Follower 差得太多，超出了一个阈值，就不发送 DIFF 指令，而是发送一个 SNAP 指令，直接让 Follower 从 Leader 全量同步，而不是（4）的增量同步。

恢复的算法和 Raft 的 AppendEntries 很类似，只是在 Raft 里面这些工作都由 Follower 自己做了。而在这里，是 Leader 把主要的工作做了，Leader 比对日志，然后告诉 Follower 做截断、补齐或全量同步。

11.5　三种算法对比

解析完三种算法后做一个总结，对三种算法的关键差异点进行对比，如表 11-5 所示。

表 11-5　三种算法关键差异点对比

算法分类	Multi-Paxos	Raft	Zab
复制模型	复制状态机	复制状态机	Primary-Backup
写入方式	多点写入 乱序提交	单点写入 顺序提交	单点写入 顺序提交
同步方向	节点之间双向同步	单向：Leader 到 Follower	单向：Leader 到 Follower
是否支持 Primary Order	否（但可以做）	否（但可以做）	支持
Leader 心跳检测方向	选 Leader 不是必需的，可以没有 Leader	单向：只 Leader 向 Follower 发送心跳	双向：Leader 和 Follower 之间互相发送心跳
实现难度	最难	最简单	次之

特别说明，Primary Order 也就是 FIFO Client Order，是 Zookeeper 的一个关键特性。对于单个客户端来说，Zookeeper 使用 TCP 与服务器连接，可以保证先发送的请求先被复制、先被 Apply；

后发送的请求后被复制、后被 Apply。当然，客户端与客户端之间是并发的，不存在谁先谁后的问题，这里只是针对一个客户端的一个 TCP 连接来说的。

这个特性在客户端异步发送或说 Pipeline 的时候有用，也就是在这个 TCP 连接上，客户端没有等请求 1 返回就发送了请求 2 和请求 3，Zookeeper 会保证请求 1、请求 2、请求 3 按发送的顺序进行存储、复制、Apply。但用 TCP 的话，没有办法保证同一个客户端的多个 TCP session 保持 FIFO Order，如果要做这个就不能依赖 TCP 本身的机制，而要自己在客户端对请求进行编号。

Multi-Paxos 算法本身没有保证 FIFO Client Order，即使同一个客户端发送的请求，在服务器端也是并发复制的。但要限制并发复制，也可以做，比如客户端可以同步发送，而不是异步发送，或者把多个请求打包成一个一次性发送，对应到服务器中是一条日志。同样，Raft 算法也可以做到，不过没有做这个限制。

第 **12** 章 | CAP 理论

高并发、高可用和一致性三者并不是孤立的，而是相互影响的。所以前辈大师们很早就总结出了 CAP 理论。本章把这三个问题放在一起进行综合讨论。

12.1 CAP 理论的误解

虽然 CAP 理论被大家熟知，但不同人对其有不同的理解，下面是作者的理解：

C：一致性。比如事务一致性、多副本一致性。

A：可达性，也有人翻译为可用性。除了可用性，作者认为也包括了高并发、性能方面的因素，因为一个服务抵抗不住高并发，或者性能不行，导致客户端超时，其实也是不可达。

P：网络分区。系统一旦变成分布式，有多个节点，无论因为数据分片，还是任务分片，节点之间要网络通信，就可能存在网络超时或网络中断。

关于 CAP 理论，最大的误解是三个因素是对等的，可以三选二，可以在三个因素中选择其中两个，牺牲另外一个。但在大规模分布式系统场景下，P（网络分区）往往是一个必然存在的事实，只能在 C 和 A 之间权衡。在实际中，大部分都是 AP 或 CP 的系统，而很少有 CA 的系统。CP 的系统追求强一致性，比如 Zookeeper，但牺牲了一定的性能；AP 的系统追求高可用，牺牲了一定的一致性，比如数据库的主从复制、Kafka 的主从复制。

为什么很少有 CA 的系统？因为要实现 A（高可用），必然就需要冗余，有了冗余就可能存在网络分区（P）。比如传统的关系型数据库实现了事务的 ACID，也就是强一致性（C），但是单机版没有 A，也没有 P。要实现 A，需要加从库，但也只能解决 A 的问题，却无保证强一致性，转而寻求最终一致性。

通过分析可以看出，P 并不是可以通过牺牲 C 或者 A 换取的，而是需要通过网络基础设施的稳定性来保证。比如 CAP 之父在 *Spanner，True Time and the CAP Theorem* 一文中就写到，如果说 Spanner 真有什么特别之处，那就是 Google 公司的广域网，Google 公司通过建立私有网络以及强大的网络工程能力来保证 P。在最大限度地保证 P 的情况下，再考虑同时达到 C 和 A。

但存在一个关键问题：即使保证了 P，网络完全健康，没有分区，但信息的传输也需要时间，所以"延迟"不可避免，而这就是下一节要专门探讨的问题。

12.2 现实世界不存在"强一致性"（PACELC 理论）

1. 现实世界的三个例子

（1）皇帝驾崩。 在古代，传递信息的交通工具通常是马。当出现皇帝驾崩、新皇帝登基的时候，这个消息要"马不停蹄"地送往各个州、县。马从京城到边疆，可能需要好几个月。在这几个月里面，有的州县以为旧的皇帝还在执政，有的州县已经收到新皇帝登基的通知。

假如新皇帝颁布了一条新的法令，意味着在这过渡期内，旧的州县还在执行旧的法令，新的州县在执行新的法令。

这就是现实世界中的"不一致性"的例子。这个例子反映了一个常识性的哲理。

信息的传递需要"时间"，也就是"延迟"，有延迟就会带来不一致性。

（2）淘宝秒杀。 假如你正在写代码，同事告诉你淘宝网现在有一个促销活动，秒杀免费获取一件礼物。你收到这个消息，立刻打开淘宝网页，等打开时显示活动已结束。

请问：同事告诉了你一个"假的"或"不正确"的消息吗？可以说是，也可以说不是。

这个问题背后反映了另外一个常识性的哲理。

世界一直是变化的，当把世界的某一刻的"状态"传给另外一个人或另外一个地方的时候，此时世界的"状态"可能已经改变。而对方收到的是一个"过时"的消息。

正如古代哲学家所言："人不可能两次踏进同一条河流！"

（3）2 将军问题。 2 将军问题用一个通俗的描述就是：客户端给服务器发了条消息，网络失败或者超时。请问，此时服务器到底是收到了消息，还是没有收到？答案是：不确定！

上面三个例子反映了三个基本常识：

- 信息的传播需要"时间"。有"时间"就有"延迟"，有"延迟"，就有不一致。
- 信息所反映的"世界"一直在变，信息在传播，世界在变化。两者是并行发生的，也就意味着信息的"过时"。
- 传递信息的通道是不可靠的。

2. 计算机世界：随处可见的"不一致性"

现在就把现实世界中的三个例子对应到计算机世界中：

（1）信息的传播需要"时间"

例子 1：在 Kafka 中，zk 选取出 Controller。当旧的 Controller 宕机时，新的 Controller 被选举出来。

这个过程可能很快，在计算机世界里，是以毫秒或微秒度量的，但即使再快，也需要"时间", 而不是 0。

在这个极端的时间内, 有的接收到的是旧 Controller 发来的消息; 有的接收的是新 Controller 发来的消息。或者说, 旧的 Controller 宕机, 其发出的消息还在网络上游荡, 此时新的 Controller 上台。

例子 2: 在 Kafka 中, 每个 broker 都维护了一个全局的 Metadata。当 topic 或者 partition 变化时, 所有 broker 的 Metadata 都需要更新。

很显然, 这个过程也需要"时间", 网络还会超时, 导致失败。最终结果必然是所有 broker 维护的 Metadata 是不一致的。

（2）信息所反映的"世界"在变化

以 Kafka 为例, 客户端询问集群中的一个 broker: 要发消息的(topic,partition), 对应的机器列表是多少? broker 回答: 机器列表是（b1,b2,b3）。

这个结果是正确的, 且当前是正确的! 但就在客户端拿到这个正确的消息, 正要选择 b1 向外发送的时候, b1 宕机, 即"世界"变了, 消息发送失败。

（3）2 将军问题（通道不可靠）

这个在计算机科学中反复提及, 此处不再详述。

3. 理论上不存在"强一致性"

信息的传输需要时间, 世界本身也一直在变化。从微观粒度看, 不管计算机的计算时间有多短: 毫秒、微妙、纳秒, 时间总是可以细分到一个更细的粒度。在这个更细粒度来看, 世界永远是不一致的!

通常说的"强一致性", 是从观察者的角度得来的。

拿单机版的 MySQL 转账而言, 一个账号扣钱、一个账号加钱, 必定存在一个短暂的时间窗口: 在这个时间窗口内, 一个账号的钱减少了, 但另一个账号的钱却没有加上。只不过这个时间窗口很短, 并且对外屏蔽了内部的"不一致性", 从客户端看来, 是一致的。所以, 客户端看到的是"强一致性", 但从内部来看可以认为是"最终一致性"。

这还只是单机版, 如果换成集群, 网络时延很大, 问题就会放大, 客户端可能就会明显感知到"不一致性"的存在。再用转账举例: 假如跨行转账的时间是两个小时, 对于系统来说, 这是"最终一致性"; 但对于客户而言, 假设客户很忙, 好几天才查询一次账户, 他看到的永远都是一致的, 就是"强一致性"。

说了这么多, 是想阐述一个最基本的东西: 在计算机世界里, 追求绝对的"一致性", 就好比在物理学中追求永动机一样。

4．PACELC 理论

正因为"延迟"必然存在，CAP 的扩展理论 PACELC 应运而生。其中的 P、A、C 没有变化，只是引入了 Latency（延迟）因素，E 指的是 Else。

这个理论相对 CAP 理论多了一半，如图 12-1 所示。

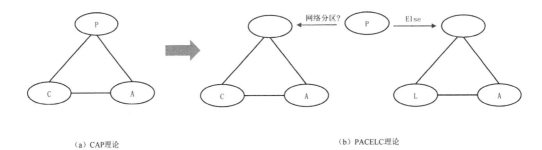

（a）CAP理论　　　　　　　　　　　　　　　　　　　（b）PACELC理论

图 12-1　CAP 理论和 PACELC 理论比较

当 P 出现时，只能在 A 和 C 之间做权衡，牺牲 A 换取 C 或者牺牲 C 换取 A（也就是 CAP 理论）；

否则，当 P 没有出现（网络正常）的情况下，需要在 L 和 C 之间做权衡，这点在讨论中已有体现。

12.3　典型案例：分布式锁

下面以分布式锁为例，来分析系统要同时保证强一致（C）、高可用（A）和高并发有多困难。

方案 1：基于 Zookeeper 实现

最常用的分布式锁是基于 Zookeeper 来实现的，利用 Zookeeper 的"瞬时节点"的特性。每次加锁都是创建一个瞬时节点，释放锁则删除瞬时节点。因为 Zookeeper 和客户端之间通过心跳探测客户端是否宕机，如果宕机，则 Zookeeper 检测到后自动删除瞬时节点，从而释放锁。

Zookeeper 自身用 Zab 协议保证高可用和强一致性，但该方案还有两个问题：

1）性能问题。在高并发场景下，Zookeeper 的 QPS 不够。

2）因为用心跳探测客户端是否宕机，当网络超时或客户端发生 Full GC 的时候会产生误判。本来客户端没有宕机，却误判为宕机了，锁被释放，然后被另外一个进程拿到，从而导致两个进程拿到同一把锁。这也就是通常说的"脑裂"问题。

方案 2：基于 Redis 实现

Redis 的性能比 Zookeeper 更好，所以通常用来实现分布式锁，但问题也很明显。

问题 1：Redis 没有 Zookeeper 强一致性的 Zab 协议，Redis 的主从之间采用的是异步复制，如果主宕机，则切换到从，会导致部分锁的数据丢失，也就是多个进程会拿到同一把锁。

问题 2：客户端和 Redis 之间没有心跳，如果客户端在拿到锁之后、释放锁之前宕机，锁将永远不能释放。要解决这个问题，是给锁加一个超时时间，过了一段时间之后，锁将无条件释放。但这又带来第三个问题：

问题 3：如果客户端不是真的宕机，而只是因为 Full GC 发生了阻塞，或业务逻辑的执行时间超出了锁的超时时间，则锁被无条件释放，也会导致两个进程拿到同一把锁。

上面这些问题不用 Redis，而换作 MySQL 来实现，也是同样的道理。对于 Redis 的这些问题，Redis 的作者设计了一个多机器的分布式锁 RedLock，但也存在诸多争议，此处不再展开论述。

说了这么多，是想说明要实现一个通用的、高可用、强一致、高并发的分布式锁很难。也正因如此，在实际业务场景中，应尽量避免用分布式锁，或用串行化、弱一致性等策略。即使要用分布式锁，往往也是针对特定的业务场景，对问题有兜底方案。

第 4 部分　业务架构之道

不同于技术领域的"硬"知识、"硬"技能，业务领域更多是很多"软"性的、抽象的技能。一旦一个东西呈"软"性的，往往会变成一门"隐学"，很多人虽然知道这类东西存在，但又难于表述。

业务架构就属于"隐学"一类，当问一个程序员或架构师什么是业务架构的时候，他们通常都知道一个大概，但好像又难于描述，就像是"只能意会不能言传"。本部分将试图把这样一个"隐学"变成"显学"，同时探讨业务和技术的融合之道。

第 **13** 章 | 业务意识

13.1　产品经理 vs.需求分析师

互联网的兴盛与成熟造就了一个词——产品经理。而在互联网大规模发展起来之前，软件行业通常称为"需求分析师"。作为一个技术人员，通常认为需求分析是产品经理或需求分析师的职责，自己只需做好技术就行。

但技术不是无源之水，一旦离开业务纯粹地谈技术，就失去了驱动技术发展的根本要素。另一方面，研发部门的人力资源和时间资源是有限的，而业务需求是无限的，要用有限的资源应对无限的需求，必然存在需求的取舍问题，而这种取舍往往也会影响系统的架构设计。

对于一个技术人员，不需要像产品经理或需求分析师一样对需求了如指掌，但具有良好的业务 Sense 却是做业务架构的基本条件。

什么叫业务意识？这里抛出几个问题：

（1）需求来自何处？ 如果是一个 C 端的互联网产品，需求可能来自用户反馈或用户调研；如果是一个 B 端的项目，需求可能直接来自客户；还有可能，需求来自对业务数据的分析挖掘，从数据中发现了某些问题需要解决；更有可能，需求来自老板的决定。

有时，需求来自何处、技术为谁而做，往往和公司的基因、盈利模式紧密挂钩，公司本身决定了需求从什么地方来。

（2）真需求还是伪需求。 技术人员经常会听到要开发一个某某功能、一个某某系统，但"功能"和"系统"并不是需求。需求是要解决的"问题"，而问题一定是系统所要面对的用户问题或客户问题，功能或系统只是解决问题的一种答案而已。

很多原因都会导致伪需求，比如老板的决定、面向 KPI 的需求，这些都比较容易看到。但这里想介绍一个稍隐性的原因：信息传播的递减效应。

当发生一个事件时，第一个人 A 看到事件的全过程，掌握的信息量按 100 分计算。当 A 向 B 描述事件过程时，受其记忆力、表达力、主观故意等原因的限制，最多能把整个事件信息的 90% 描述出来，A 讲出去的只是 90 分。而听者 B 同样受到注意力、理解力、主观故意等因素的影响，是不可能完全理解 A 所陈述的所有信息的，不同程度地产生丢失、忽略或误解情况，则事件真相经过 A 讲述给 B 的传递过程，信息量可能只剩下 85 分了。依此类推，当 B 再向 C 转述时，与 A 向 B 传递的一样，信息会不同程度地再次丢失或误解，事件的真实信息可能只剩 80 分了⋯⋯在这个过程中，真实的信息量衰减得越来越厉害，每增加一个中间环节，被加入的误解信息量越来越多。这个问题是在沟通、传播过程中最普遍的。

一个需求被用户或客户提出来，可能经过总监、组长、产品经理层层传导，等传到了技术人员，可能已经不是最初的需求，最后做出来的东西往往不是对方真正想要的。

所以，作为一个技术人员，当从产品经理接到需求的时候，一定要回溯，明确需求是在什么背景下提出的，究竟要解决用户的什么问题。

（3）产品手段 vs.技术手段。 对于业务问题，产品经理会考虑用产品的手段解决，技术人员会考虑用技术的手段解决。

相信很多人都听说过搜索引擎的输入框增长的案例：最初做搜索引擎的时候，研究人员发现，如果用户搜索时多输入几个字，搜索结果就会准确得多。那么，有没有什么方法能提示用户多输入几个字呢？有人想到能否做一个智慧化的问答系统，引导使用者提出较长的问题呢？但是，这个方案的可行性会遇到许多挑战。也有人想到，能否主动告诉用户请尽量输入更长的句子，或根据使用者的输入词主动建议更长的搜索词呢？但是，这样似乎又会干扰用户。最终，有一位技术人员想到了一个最简单也最有效的点子：把搜索框的长度延长一半。结果，当用户看到搜索框比较长时，输入更多的字词的可能性更大。这就是一个典型的用产品手段解决用户问题的案例。

再比如某个 UGC 社区首页的个性化推荐，用户可以一页页地往下翻，翻几百页、几千页，但实际上很少有用户有这个精力。对于一个推荐系统，可能只需要保证前 1000 条数据是精准推荐的，后面的选择自然排序。这相当于把一个无限数据规模的排序问题缩小为固定有限长度的排序问题。这也是用产品手段解决技术问题的案例。

再比如电商购物，为了应对高并发的库存扣减，对商品的库存做了分库分表。如果要同时对多件商品进行库存扣减，从技术上来说，这就是一个分布式事务问题。但实际上并不会这样解决，而是在产品层面解决。在产品层面，绝大部分场景都是一次把一种商品加入购物车，极少数有需要一次性加多个商品的场景。比如，要把收藏夹里面的多个商品一次性地加入购物车，这时可能出现部分库存扣减成功，部分库存扣减失败的情况，在产品层面提示哪些商品没有成功加入购物车，让用户重试，而不是试图用分布式事务解决。

再比如很多的后台报表统计类系统，为了降低技术的实现难度，采用分钟级、甚至小时级或天级别的报表，而不是实时统计。这也是典型的通过产品的设计解决技术问题的案例。

（4）需求的优先级。 人力资源和时间资源是有限的，一个需求是很重要，还是不那么重要；是很紧急，还是可以从缓，需要有清晰的认识。系统的架构是被需求驱动着一步步迭代、升级的，只有非常清楚需求的轻重缓急，才不至于出现设计不足或者过渡设计问题。

13.2 什么叫作一个"业务"

既然谈"业务架构"，首先要从一个技术人的视角来看，什么可以被称为一个"业务"。下面举了几个例子：

案例 1：美团点评公司，做团购、外卖、餐饮、生鲜、休闲娱乐、丽人、结婚、亲子、配送、酒店旅游、出行……请问，这家公司有几个"业务"？

如果以外部公布的最新的组织架构来看，这家公司主要有四大业务：

1）到店（包括餐饮、团购、休闲娱乐、丽人、结婚、亲子……）。

2）大零售（外卖、配送、生鲜）。

3）酒店旅游。

4）出行（打车）。

但如果以一年前的组织架构来看，这家公司有三大业务：

1）餐饮类（团购、外卖）。

2）综合类（休闲娱乐、丽人、结婚、亲子……）。

3）酒店旅游。

请问，这种划分的逻辑是什么？

"综合类"业务是再分成一个个的子业务，还是当作一个整体来看？

除这些之外，请问"广告"算作一个业务，还是一个平台？

支付与金融算作一个业务，还是平台，或者二者同时有之？

案例 2：把上面的例子细化一下，对于广告，通常有几种不同的计费方式：CPC（效果广告）、CPM（展示广告）、CPT（按时间段付费广告）。

第一种分法，把这三种广告认为是三个业务，三个不同的团队做（各有各的产品、技术、运营）。当然有一些公共的实施，比如账号体系。

第二种分法，认为这是一种业务的三种玩法而已，一个团队做，整合在一起考虑。一套技术架构同时支撑三种玩法（比如同一个位置既可以按 CPM 卖，又可以按 CPT 卖）。

案例 3：电商平台，有 B2C、C2B、C2C、海淘和海外。

这是五个业务，还是一个业务，或是三个业务？

第一种分法，认为这是一业务，产品、技术、运营各一套技术架构，支撑不同的玩法而已。

第二种分法，认为是三种业务，国内、海淘、海外三个团队，只是账号体系、技术基础实施共用而已。

第三种分法，认为是五个不同的业务，五个团队各做各的。同第二种一样，某些基础设施共用。

案例 4：把案例 3 进一步细化

电商的"供应链"是否是一个业务？

前端的"搜索"，是否是一个"业务"？

通过上面几个案例：一个内容是否算作一个"业务"往往与公司的长期战略、盈利模式、发展阶段、组织架构密切相关，并没有一个标准的划分方式。但抛开这些差异性，一个内容能称为一个"业务"，往往具有一个特点，就是"闭环"。

什么叫闭环？

- 团队闭环：有自己的产品、技术、运营和销售，联合作战。
- 产品闭环：从内容的生成到消费，整条链路把控。
- 商业闭环：具备了自负盈亏的能力（即使短期没有，长期也是向这个发展方向）。
- 纵向闭环：某个垂直领域，涵盖从前到后。
- 横向闭环：平台模式，横向覆盖某个横切面。

同时闭环可大可小。

- 小闭环：一个部门内部的某项内容有独立的产品、技术、运营团队，独立运作。
- 大闭环：事业群、事业部级别，公司高层战略来决定的。
- 更大的闭环：产业上下游，构建完整的生态体系。

13.3　"业务架构"的双重含义

前面的案例讨论的"业务"，其实对应的是"业务架构"一词的字面意思，也就是"业务的架构"。这通常关乎大的战略，主要是从商业角度去看，公司高层领导决定的。

但对于技术人员来说，讨论业务架构的时候其实并不是这个意思，而是理解为另外一个意思："支撑业务的技术架构"。注意，这里的落脚点在技术上，是从技术的视角看业务应该如何划分。本书主要讲的是第二个层面的意思。

业务架构既关乎组织架构，也关乎技术架构，所以很有必要探讨业务架构、组织架构和技术架构三者之间的关系。

（1）先说业务架构的第一重意思。 从理论上讲，合理的团队的组织架构应该是根据业务的发展来决定的。不同的公司在不同的发展阶段会根据业务的发展情况，将壮大的业务拆分，萎缩的业务合并。拆分到一定的时候又合并，组织架构相应地跟着调整，相应的技术团队跟着整合，技术架构自然也会跟着变化。这种变化规律在半个世纪前就已经被提出，也就是"康威定律"：一个组织产生的系统设计等同于组织之内、组织之间的沟通结构。这也意味着：如果组织架构不合理，则会约束业务架构，也约束技术架构的发展。而组织架构的调整涉及部门利益的重新分配，所以往往也只能由高层来推动。

（2）业务架构的第二重意思。"支持业务的技术架构"，业务架构和技术架构会相互作用、相互影响。举个例子，对于广告业务，如果认为 CPC、CPM、CPT 是三个业务，可能会各自设计三套技术架构方案，并让三个团队去做；但如果认为是一个业务，会思考这三者之间哪些是共用的，哪些又是个性化的，尽可能把三者通过一个技术架构支撑，让一个团队去做。

这种技术的思考会反过来影响业务，重新思考团队的组织方式，团队的组织方式又会变，接下来又会影响业务的发展方式。

既然"业务架构"指的是"支撑业务的技术架构"。那既牵扯业务，又牵扯技术，二者究竟如何区分？又如何融合？

13.4 "业务架构"与"技术架构"的区分

之所以要谈"分"，是因为经常遇到的情况是：明明是业务问题，却想用技术手段解决；明明是技术问题，由于技术无法实现，反过来将就业务；可能既不是业务问题，也不是技术问题，而是组织架构问题，是部门利益问题，是公司的盈利模式问题。

下面列举了技术架构要关注的一系列问题：

1）你的系统是在线系统还是离线系统？

2）如果是在线系统，需要拆分成多少个服务？每个服务的 QPS 是多少，需要部署多少台机器？

3）运行方式是多线程，多进程？还是线程同步机制，进程同步机制？

4）如果是离线系统？有多少个后台任务？任务是单机，还是集群调度？

5）对应的数据库的表设计？是否有分库分表？

6）数据库的高可用？主从切换？

7）服务接口的 API 设计？

8）是否用了缓存？缓存数据结构是怎样的？缓存数据更新机制？缓存的高可用？

9）是否用了消息中间件？消息的消费策略？

10）是否有限流、降级、熔断措施？

11）监控、报警机制？

12）服务之间的数据一致性如何保证？比如分布式事务。

……

通过上面一系列问题可以看到，技术架构涉及的都是"系统""服务""接口""表""机器"

"缓存"这样技术性很强的词语。这些是开发人员直接可以通过写代码实现的,很务实,没有虚的内容在里面。

把上面这些内容梳理一下,归类并起个名字,就变成了我们经常挂在嘴边的各种架构词汇:

1)物理架构(物理部署图);

2)运行架构(多线程、多进程);

3)数据架构(数据库表的 schema);

4)应用架构(系统的微服务划分);

……

这些是从架构的不同"视角"得出的归类,组合在一起就是经常讲的软件架构 4+1 视图,这点在本书第 14 章还会详细讨论。当然,在实际操作中,4+1 视图只是一个参考,不同公司和团队的称谓有一定差异。

表 13-1 从不同抽象层次总结了业务和技术的一些常见词汇,可以看出,从具体技术到抽象技术,再到业务,所用词汇越来越抽象,在沟通与表达的过程中,产生歧义的概率越来越大。在实际中,只有时刻意识到我们面对的是业务问题,还是技术问题,或是其他的更高层次的问题,才可能在一个正确的层面上去解决。

表 13-1 不同抽象层次的业务和技术词汇构成

层 次	词汇表
具体技术	变量、函数、类、对象; 线程、进程、机器、虚拟机、容器; Jar 包、动态链接库; HTTP 服务、RPC 服务、Socket、ePoll; MySQL 库表; Redis、Memcached……
抽象技术	(1)**模块**。对于一个做算法的人来说,可能说的模块指一个函数;对于做业务开发的人来说,可能指一个类,或多个类组成的一个 Jar 包,或一个子系统,或一个进程,或一个线程 (2)**接口**。接口是一个抽象概念,在实际实现中,可能是 HTTP 或 RPC,或一个进程内部两个 Class 之间的接口 (3)**表**。可能只是一个逻辑概念,对应到物理实现上,是分库分表的结构;或一个逻辑上的宽表,对应到物理上,是多张表的 Join (4)**消息或指令**。可能指消息中间件里的消息,也可能是数据库里面的一条记录,也可能就是 RPC 接口里面的一些参数 ……
业务	业务规则、业务流程、业务对象、主数据、元数据、模板、工作流……

通过分析,我们知道了"技术架构"究竟代表什么,这也为我们提供了一个参照系。"业务架构"不是"技术架构",是"技术架构"外面的东西,至于外面有什么,下面逐步展开探讨。

第14章 | 业务架构思维

14.1 "伪"分层

对于分层架构，我们都不陌生。无论业务架构，还是技术架构；无论做 C 端业务，还是 B 端业务；无论做服务器，还是客户端，所有人都会用到。但就是这样一个不能再熟悉的架构思维，却往往被滥用。

也正因为如此，本书把"分层"放在了整个架构思维的最前面来讨论。因为分层其实不光是一个技术词汇，而是一个通用的思维方式。

图 14-1 展示了典型的互联网系统的分层架构。

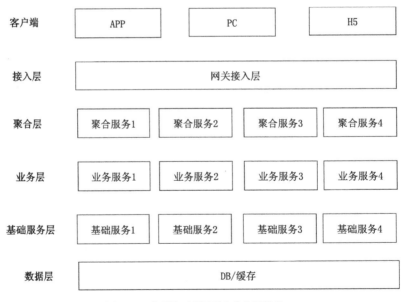

图 14-1 典型的互联网系统的分层架构

但这只是一个图纸上的示意图，实际的代码、系统是否能按分层架构严格执行呢？如果把所有系统之间的调用关系都梳理出来，把依赖关系图画出来，往往不会是这样一个分层结构，很可能是一个网状结构了。

以图 14-1 为例，列举伪分层架构可能具有的一些特征。虽然不绝对，但大多时候会反映出一些问题。

（1）底层调用上层。 比如某个基础服务调用上层的业务服务，怎么解决呢？

办法 1：要思考业务逻辑是否放错了地方？或者业务逻辑是否需要一分为二，一部分放在业务服务，一部分放在基础服务。也就避免了底层调用上层。

办法 2：OOD 中的典型办法，DIP（依赖反转）。底层定义接口，上层实现，而不是底层直接调用上层。

（2）同层之间，服务之间各种双向调用。 比如业务服务 1、业务服务 2、业务服务 3 之间都是双向调用。

这时就要思考，业务服务 1、业务服务 2、业务服务 3 之间的职责分配是否有问题，出现了服务之间的紧耦合？

是否应该有一个公共的服务，让公共服务和业务服务 1、业务服务 2、业务服务 3 交互，而三个业务服务之间相互独立？

（3）层之间没有隔离，参数层层透传，一直穿透到最底层，导致底层系统经常变动。

例如，App 一直发版本，为了实现兼容，服务器端有类似下面的代码：

```
if(version = 1.0)
    xxx
else if (version = 1.1)
    xxx
else if (version = 2.0)
    xxx
```

这个例子比较明显，一看就知道是客户端的东西，所以通常在服务的业务入口层做了拦截，不应该透传到了最底层服务。但很多业务层面也会遇到类似的问题，但不容易看出来，需要很好的抽象能力才能发现。

比如客户端要支撑各式各样的业务，因此肯定有类似 businessType 这样的字段用于区分不同业务，或者说区分同一个业务的不同业务场景。businesssType 字段一直透传到最底层的基础服务，在基础服务里面都能看到 if busessType = xxx 这样的代码，这就是典型的上层的业务多样性透传到了最底层。

虽然是严格分了层，层层调用，但"底层服务"已经不是底层服务，因为每一次业务变动都会导致从上到下跟着一起改。

（4）聚合层特别多，为了满足客户端需求，各种拼装。 遇到这种情况，往往意味着业务服务层太薄，纯粹从技术角度拆分了业务。而不是从业务角度让服务成为一个完整的闭环，或者说一个领域。

上面列举了分层架构的种种不良特征，而一个优秀的分层架构应该具有的典型特征如下。

1）越底层的系统越单一、越简单、越固化；越上层的系统花样越多、越容易变化。要做到这一点，需要层与层之间有很好的隔离和抽象。

2）做到了上面一点，也就容易做到层与层之间严格地遵守上层调用下层的准则。

14.2　边界思维

在所有的架构思维模式中，如果说最终只能留下一种思维模式，那就是边界思维。腾讯公司前 CTO 张志东曾说过"优雅的接口，龌龊的实现"，可以说是边界思维最好的诠释。

在技术领域，"封装""面向接口的编程"等技术，也都是边界思维的体现。只要一个系统对外的接口是简洁、优雅的，即使系统内部混乱，也不会影响到外界其他系统。相当于把混乱的逻辑约束在一个小范围内，而不会扩散到所有系统。

边界思维是一种通用的思维方式，下面从小到大来看边界思维在不同层面的体现。

1．对象层面（SOLID 原则）

在面向对象的五大原则中，第一个原则 S 就是单一职责原则（The Single Responsibility Principle）。通俗地讲，就是一个函数、一个类、一个模块只做一件事。不要把不同的职责杂糅在一起，这就是边界思维的一种体现。

当然，这里所说的"一件事"是从同一个抽象层次来说的。对一个类来说，里面所有的函数处在同一个抽象层次中，不要让一个函数做两个函数的事情；对于一个模块来说，里面所有的类处于同一个抽象层次中。

2．接口层面

对于开发人员来说，做一个系统往往先想到的是如何实现。而利用边界思维，首先想到的不是如何实现，而是把系统当作一个黑盒，看系统对外提供的接口是什么。接口也就是系统的边界。接口定义了系统可以支持什么、不支持什么。所以，接口的设计往往比接口的实现更重要！站在使用者的角度来看，并不在意接口如何实现，而更在意接口的定义是否清晰，使用是否方便。具体来说，就是：接口的输入、输出参数分别是什么？哪些参数可选，哪些必选？如果输入参数很多，为什么不是分成多个接口？设计策略是什么？接口是否幂等？各种异常场景，接口的返回结果都是什么？

3．产品层面

除了技术，产品同样需要有边界思维。对于产品，常说的一句话是：内部实现很复杂，用户界面很简单。把复杂留给自己，把简单留给用户！尤其现在的 AI 产品，更是把这句话发挥到了极致。AI 算法本身很复杂，但对用户来说，使用却越来越"傻瓜化"，以前还有图形界面，现在直接对着系统说句话，它就明白了。

4．组织架构层面

组织的各个部门之间如果没有非常清晰的边界，就会导致该自己做的事情不做，互相推诿、踢皮球；不该自己做的事情抢着做，你争我夺。最后整个体系权责不分，做事效率低下，还容易产生各种问题。

回到系统，不管用哪种分析方法和设计方法，最终必须保证每个系统有清晰的边界，各自分工清晰。无论谁要了解这个系统，他不用看这个系统是怎么实现的，只要看系统的接口，就能知道系统支持什么，不支持什么。

边界思维的重点在于"约束"，是一个"负方法"的思维方式。什么意思呢？比如要看一个开源软件的功能，要看的不是它能做什么，而是它不能做什么！"不能做什么"决定了系统的边界，或者说它的"极限"。

做架构尤其如此，架构强调的不是系统能支持什么，而是系统的"约束"是什么，不管是业务约束，还是技术约束。没有"约束"，就没有架构。一个设计或系统，如果"无所不能"，则意味着"一无所能"。

14.3 系统化思维

与边界思维相对应的是系统化思维。哲学中有一句话：事物之间的普遍联系。通俗的说法就是：不能头痛医头，脚痛医脚。头痛的时候，可能原因不在头上，而是身体其他部位出了问题引发的头痛。

比如现在有一个系统 A 和系统 B，应用边界思维，在两个系统之间定义了接口。但随着业务的发展，发现每次来新的需求，两个系统都要跟着一起改，之间的接口也不够用，要么增加新接口，要么为之前的接口增加新参数。原因可能是在最初设计的时候，接口定义得不合理；也可能是这两个系统的逻辑本身就耦合得很紧。应该把系统 A 和系统 B 重新放在一起整体考虑，然后一致对外提供统一的接口，对内，系统 A 和系统 B 就是一个系统的两个联系紧密的部分。这就是系统化思维的一种体现，把不同的"东西"串在一起考虑，而不是割裂后分开来看。

系统化思维的另外一个体现，就是遇到事情要刨根问底。如果遇到了问题 A，经过分析，是原因 1 导致的；原因 1 又是如何产生的，是原因 2 导致的；原因 2 又是如何产生的，是原因 3 导致的……如此追到最后，直至事物的本质。这点在物理学中叫作"第一性原理"，在哲学上叫作"道"。无论是遇到技术问题，还是产品问题、业务问题，都可以利用这种思维方式。这个倒追的过程会让你探究到事物与事物之间的普遍联系。

再举一个电商系统中商品库存的典型案例，如图 14-2 所示。

站在 C 端来看：用户下单，要减库存；用户发生客退，要加库存；

站在 B 端供应商角度来看：采购，要加库存；退供，要减库存；

站在内部商务和物流人员角度来看：调拨，一个仓库减库存，另一个仓库加库存。

无论 C 端的下单、客退，还是 B 端的采购、退供，还是内部的调拨，都是很复杂的业务流程，对应的是不同的团队开发的不同系统。单独去看每一个业务的每一个系统，都没有问题，但要系统性地把这五大类业务串在一起来看，可能库存的账目是对不齐的。

可能有人会比较好奇，库存就是一个数字<SKU,数量>，对这个数字进行加加减减，逻辑很简单。但实际问题在于库存不是一个简单的数字，而是一个复杂的数据模型。这点在此不再详细展开。

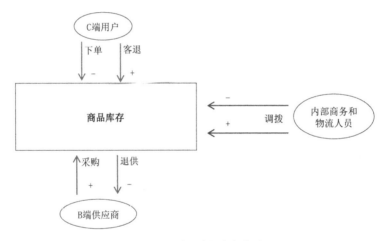

图 14-2　电商的商品库存体系

14.4　利益相关者分析

做一个系统与做一个产品一样，首先要了解用户是谁。在架构里面称为利益相关者。下面随便举几个例子，来说明什么是利益相关者：

例 1：哪几类人在用微信？

C 端普通用户；

支付收款个人商家；

支付收款接入商和开发商；

游戏开发商；

广告投放商家；

订阅号作者；

服务号开发者；

小程序开发者；

······

所以说微信是一个平台，一个超级平台、游戏平台、电商平台、广告平台、媒体平台。

例 2：哪几类人在用电商系统？

C 端用户；

B 端卖家、供应商；

供应商 ERP（注意：利益相关者不一定是人，也可以是一个外部系统）；

ISV 提供商；

公司内部人员：包括采购人员、运营人员、客服人员、仓储人员、物流人员、关务人员（如果做海外贸易）、财务人员。

例 3：电商系统里面的支付系统

把例 2 的范围缩小，只讨论里面的支付部分，有哪几类利益相关者呢？

用户；

商家；

银行；

第 3 方支付平台；

财务系统；

······

举上面这些例子是想说明"黑盒"这种思考方式：在考虑利益相关者时，考虑的系统范围可大、可小。大的方面，把公司所有系统放在一起来看，当作一个黑盒子，看外部有哪些利益相关者；小的方面，可以只看一个系统里面的一个子系统、一个模块，看其外部都有系统。

为什么谈业务架构，要先谈"利益相关者"呢？

（1）利益相关者其实是从"外部"来看系统。把系统当作一个黑盒子，看为哪几类人服务。这其实也就定义了整个系统的边界，定义了整个系统做什么和不做什么。

（2）前面说到一个词"业务"，业务具有"闭环"的特点。而利益相关者就是一个最好的看待业务的视角。

（3）每个利益相关者代表了一个视角。站在 C 端用户的视角和 B 端商家的视角上，对系统有不同的看法。系统很复杂，无法从一个角度全面认识，每个视角都是盲人摸象，只看到系统的一部分。

（4）利益相关者往往也对应了一种业务划分、系统划分。 根据不同的利益相关者，可以划分成不同的系统和业务。

所以，当谈到系统的时候，首先要确定的是系统为哪几类人服务，同哪几个外部系统交互，也就确定了系统的边界。

14.5 非功能性需求分析（以终为始）

软件有功能性需求和非功能性需求之分。在很早以前，惠普公司的罗伯特·格雷迪（Robert Grady）及卡斯威尔（Caswell）就提出了 FURPS 需求模型。

其实软件的非功能性需求有很多，不同类型的软件的侧重点也有差别。同时，随着分布式系统的发展，这方面的理论也在扩充。

下面通过一些通俗的表述，来说明常用的、关注较多的非功能性需求都有哪些。

（1）并发性。 对于 C 端的系统，大家首先关注的是系统能抵抗多大的流量。说通俗点，是可以承受多少人同时访问。常用的衡量指标是 TPS 和 QPS，平均响应时间/最大响应时间，并发数。

（2）可用性。 从服务角度来说，一个服务不可用有两层意思：

- 机器宕机，不能对外提供服务，直接抛错；
- 机器虽然没有宕机，但是超时。这涉及"性能"问题。

（3）一致性。 比如数据库的参照完整性、事务、缓存与数据库数据同步、多备份数据一致性问题。

（4）稳定性和可靠性。 稳定性和可靠性的界限很模糊，此处不深究两个词到底有何本质差别，只想说明这两个词指代什么？

"稳定性"指系统没有任何未定义的行为，体现在如下几方面：

- 所有的 if-else 语句里面，没有不处理的分支；
- 所有的 API 调用，每种异常返回值都有处理；
- 考虑内存、磁盘的上限；
- 系统不会时不时冒出一个问题出来；
- 出了问题，有很好的日志监控，能快速修复；
- 系统的 QPS 不会有抖动（除非业务有变化，比如大促），是一条平滑的曲线；
- 发布新版本，有回滚方案；

- 新系统上线，灰度平滑切换；
- Monkey Test？压力测试；

……

可以看出，"稳定性"或"可靠性"的涉及范围很广，很能反映一个工程师的素养。

（5）可维护性。 与可维护性密切相关的是"可理解性"，或者说"代码可读性"。体现在如下几个方面：

- 系统架构设计简单，接口简洁，表数据关系清晰；
- 老人离职，新人接手，无须很长时间就能厘清代码逻辑；
- 系统功能不耦合，改一个地方不会牵动全身；
- 系统某些模块即使时间久远，也有人能厘清内部逻辑；

……

（6）可扩展性。 体现在如下几方面：

- 来了一个新需求，伴随一些新功能，可以在现有系统上灵活扩展；
- 没有地方写死，可以灵活配置；
- 容易变化的逻辑没有散落在各个系统里面，不需要多个地方跟着一起改。

（7）可重用性。 体现在如下几方面：

开发新的需求，旧的功能模块拿过来可以直接用。

通常来讲，对于 C 端应用，会更关注高并发和高可用，然后有的业务（比如支付）对一致性要求非常高；对于 B 端业务，会更关注系统的可维护性、可扩展性、可重用性，有了这些特性，系统才能不拖业务的后腿，可以快速地支撑各种各样的复杂业务需求的开发。

> ⚠ **注意**：本文主要想说明做架构的一种"以终为始"的思维方式。先明确落脚点，或者说最终要达到的目的，即非功能性需求，再去想要达到这些目的可以用哪些技术手段。只要能达到这些目的，可以用各种方法，八仙过海，各显神通！

14.6　视角（架构 4+1/5+1 视图）

"横看成岭侧成峰"说的是对于同一个事物，从不同角度去看的时候会呈现出不同的样子。为什么会这样呢？因为事物庞大、复杂，事物与事物之间还彼此关联、相互影响。如果事务很简单、"一览无余"，也就不需要从多个角度去看。

软件系统因为庞大、复杂，往往也需要从多个视角去看，也就是常说的架构的 4+1 视图（1995年，Philippe Kruchten 在 *IEEE Software* 上发表了题为 The 4+1 *View Model of Architecture* 的论文，引起了业界的极大关注，并最终被 RUP 采纳）。其中，1 指的是"功能视图"，其他 4 个视图都是围绕该视图展开的，分别是逻辑视图、物理视图（部署视图）、开发视图、运行视图（进程视图）。

下面对几个视图逐一展开分析：

- **功能视图**：对于 B 端的复杂业务系统，往往会画用例图，但对于 C 端产品，往往直接看交互设计稿或最终的 UI 原型图。
- **逻辑视图**：系统的逻辑模块划分，数据结构、面向对象的设计方法论里面的类图、状态图等。
- **物理视图**：整个系统所在的机房、各类机器数目、机器配置和网络带宽等。
- **开发视图**：代码所在的工程结构、目录结构、Jar 包、动态链接库、静态链接库等。
- **运行视图**：系统的多进程、多线程之间的同步。

除了 4+1 视图，还有一个常见的视图叫作"数据视图"，作者称为 5+1 视图。这里涉及一个容易混淆的问题：逻辑视图和数据视图有什么区别？

逻辑视图是一个比数据视图更加宽泛的概念，在传统的以数据库为中心的开发中，数据视图也就是 E-R 模型，同时也是逻辑视图，所谓的"贫血模型"；在领域驱动设计（DDD）中，提倡"充血模型"，逻辑视图往往指的是类图，在其他的非数据库的系统中，逻辑模型也可能指内存中的数据结构。

另外还有一个问题，微服务的拆分是架构的逻辑视图，还是物理视图，或者是开发视图？微服务既反映了一种逻辑上的拆分，同时也对应了一种部署方式，同时也是一种开发方式。可以把多个微服务部署在一台机器上，也可以把一个微服务部署到多台机器上。

讨论这些不同的架构视图，是想说明一个关键的问题：视图本身只是一个框、一个形式，引导开发者把系统的架构描述清楚，而重点是把系统面对的关键问题描述清楚，而不是拘泥于形式本身，并且不同类型的系统的侧重点也不同，也未必每个视图都需要很清楚的描述。否则架构就会成为一个"空架子"，虽然有很多的视图，但没有阐释清关键问题。

14.7 抽象

1. 什么是抽象？

（1）语言中的抽象。 上学的时候，语文老师经常让学生读完一篇文章后概括其"中心思想"。一篇文章 800～1000 字，概括之后，中心思想也就两三句话，这其实就是"抽象"。

在著名的语言学书籍《语言学的邀请》中，讲到了一个理论：语言的抽象阶梯。书中举了这样一个例子：

我们在一个农庄里看到了一头牛，脑海里浮现的是牛的三维立体形象，有它的体形、动作，观察仔细一点甚至可以从牛的眼泪里想象出一些它当时的"心情"。这时，农场的主人走过来跟你介绍说，它叫阿花，这下你脑子里就自动把阿花的名字和刚刚看到的影像给对应起来了。这时你去找你朋友，跟他说，我刚刚看到了阿花。你的朋友估计会莫名其妙，会问哪个"阿花"。这个名字根本无法给你朋友任何信息，只是一个符号而已，但是当你自己说到阿花，却会自动浮现出那头牛的形象。

这时你很着急，因为你的朋友不理解你在说什么，你就会就和他说阿花是一头牛。说到牛，你朋友就会自动浮现出他经验里牛的形象，并且说不就是一头牛吗，有啥稀奇的。这时，你就会进一步向他描述，这是一头母牛，而且自己刚刚和它对视的时候，发现牛的眼睛里有泪光，所以觉得这头牛不一般。所以，同样是牛这个名字，你脑海里感知的牛和朋友脑海里的牛是相当不一样的。如果你朋友没有见过阿花，他就不会把你看到的牛和阿花联系在一起。

所以说，语言只是对现实中我们所注意到的事物特征的一种抽象。每一次命名，都是一个抽象化的过程，这种过程忽略了现实中事物的许多特征。这种抽象一方面给我们提供了交流的便利，虽然那个朋友听到牛不会想到阿花的泪光，但起码知道牛的其他一些基本特征，比如四足、长角。另一方面，如果没有注意到语言的这种抽象过程，就会误以为我们通过语言认识到了真实的世界，从而容易陷入语言的牢笼里。

继续说阿花，经过你的描述，你的朋友终于相信你，阿花相比于其他牛很不一般。这激发他对于农庄的兴趣，他问到那个农庄还有什么家畜。家畜相比于牛来说又是更高一个层级的抽象，指的不仅是牛了。

这时你和他说，农庄里除了牛，还有一群鸡在扒食，还有几头猪在拱土。你继续说道，特别有意思的是那个农庄并不大，所以鸡、牛、猪都在一起，农场主并没有把它们分开。

你朋友说，那你估计这个农庄有多少资产啊？你打算给他多少？你说，除了这些家畜外，农庄里还有两间房，而且自己也特别喜欢阿花，不打算还价了。终于，你买下了这个农庄，阿花包括其他家禽以及房屋，就成了你资产的一部分，而资产则组成了你所拥有的财富。

从阿花、牛、家畜、农庄资产、资产、财富，就组成了一个抽象阶梯，抽象程度越来越高，而其中组成部分的细节特征显示得也越来越少，到后来其真实特性也就完全不提了。

从例子可以总结出下面几个特点：

- 越抽象的词，在词典中个数越少；越具象的词，在词典中个数越多。
- 越抽象的词，本身所表达的特征越少；越具象的词，特征越丰富。
- 越抽象的词，意义越容易被多重解读；越具象的词，意义越明确。

所以，抽象的过程实际是一个"化繁为简"的过程，也是一个"可能性、多样性越来越小"的过程；抽象的过程也是一个总结、分门别类的过程。

对于人类，无论是沟通，还是理解事物，我们都在不断地做"抽象"，也就是做"简化"，因为我们的大脑和能量不足以装载和处理现实世界如此巨大的信息量。

（2）计算机中的抽象

● 存储的抽象：关系型数据库，表格。

现实世界中的数据各式各样，但到了计算机中，有一种东西叫关系型数据库。

通俗地讲，就是一张张的表格，然后表格之间通过主外键关联起来。

这其实就是一种抽象，把现实世界中花样繁多的数据形式进行规整，最终变成了一张张的表格。

● 计算的抽象是顺序、选择、循环。再复杂的算法，逻辑计算到了计算机里面，最终都会变成顺序、选择、循环三种语句。

现实的逻辑很复杂，但计算机里面的逻辑只有三种。这是抽象，也是正交分解。

● 面向对象的方法学：父类与子类、继承。在面向对象的方法学里面，提取共性形成父类，提高代码复用性，这是抽象。

● 面向接口的方法学。

把面向对象的方法再往前推进一步，就是所谓的"面向接口的方法学"。接口是交互双方的一种协议，也是对交互细节的一种抽象。

2．怎么做抽象

（1）分解：找出差异和共性。要做抽象，首先要做的是分解。只有分解，才知道两个事物间的差异和共性。

举个简单的例子：牛和马的区别在哪？ 共性在哪？

首先要做的，肯定是把牛和马各自分解成很多特征，然后对这些特征逐个比较，看差异和共性在哪。

（2）归纳：造词。找到了共性和差异，把共性的部分总结成一个新的东西，造一个新词来表达"共性"，就是归纳，也是抽象。

所以抽象的过程往往也是一个"造词"的过程。

3．抽象带来的问题

抽象的好处就是找出共性、简化事物，但抽象也会造成问题：

（1）抽象造成意义模糊。越抽象的东西往往越"虚"，最后就变成"空洞的大话"，华而不实。

不同人对"虚"的东西理解都不一样，大家在沟通时往往不在同一个频道中，牛头不对马嘴。

（2）**抽象错误：地基不稳**。没有做分解就分析，会把一个非原子性、容易变化的东西抽象出来，作为整个系统的基础。

（3）**抽象造成关键特征丢失**。把事物的某个重要的关键特征抽象掉了，会导致对事物的认知偏差。

具体到计算机里面，比如某个系统里面有一个很复杂的业务规则。

这个业务规则没有被显性化，也就是没有被抽象出来，变成一个命名的模块，这会导致对系统的认知出现偏差。

（4）**抽象过度**。抽象是为了提供灵活性和扩展性。但如果业务在某一方面变化的可能性很小，则可能压根不需要抽象。

抽象是人类思维认知的一个基本能力，在现实生活和各种学科中都会遇到。具体到计算机的软件架构里，就是分析和分解各种概念、实体、系统，然后又造出一些新的概念、框架的过程。

14.8　建模

在软件领域说到"建模"，会蹦出各种各样的名词：面向对象建模、业务建模、领域建模、UML 建模、ER 实体建模、四色建模法、DCI……

这些方法之间有区别，又互相有交叉；有的比较新，有的是以前的老方法。混在一起，很容易让人"云山雾罩"，讲来讲去，不知所云。

学的人很容易照葫芦画瓢，画各种看上去高大上的图：业务流程图、类图、交互图……但仔细深究，又会到处有漏洞，图不能完全表达义务语义，"华而不实"。

本书希望跳出这些方法论的框框，思考一个根本性的问题：建模的本质到底是什么？

1. 建模的本质：重要东西"显性化"

很多时候会遇到这样的情况：一个函数写了几百行代码，里面的 if-else 写了很多，计算各种业务规则。另一个人接手之后，分析了好几天，才把业务逻辑彻底理清楚。

这个问题从表面来看是代码写得不规范、要重构，把一个有几百行代码的函数拆成一个个小的函数。从根本上来讲，就是"重要逻辑"隐藏在代码里面，没有"显性"地表达出来。

这只是一个函数，推广到类、模块、系统，是同样的道理，比如：

- 业务流程隐藏在多个对象的复杂调用关系里面；
- 某个业务的核心概念没有提取出来，其职责分摊到了其他几个实体里面；
- 系统耦合，职责边界不清……

所以，建模的本质就是：把重要的东西进行显性化，进而把这些显性化的构造块互相串联起来，组成一个体系。

2. 重要的东西：构造块

哪些东西是"重要"的呢？ 比如领域实体，某个业务流程（对应领域驱动设计里面的"领域服务"），比如某条重要的业务规则（对应领域驱动设计里面的 Specification 模式），比如复杂对象的创建过程（对应领域驱动设计里面的工厂模式）……

说白了，就是要把系统里面"重要的"东西挑出来，让它在"设计图纸"上可见，而不是分析完代码才能看出来！

3. 显性化

重要的东西找到了，如何显性化呢，其实就是"命名"。"名不正则言不顺"，名字反映了职责，名字也让领域专家、架构师、程序员对"同一个东西"进行讨论，而不是"牛头不对马嘴"。

4. 形成体系

找到了"重要的东西"并"命名成构造块"，接下来就是通过某种结构把这些"构造块"组装起来，成为一个整体。这就成了某种"方法论"！

5. 建模的层次

不仅做业务分析才有建模，即使没有任何的业务建模，直接写一个超大函数，里面包含所有代码，这何尝不是一种"建模"呢？只不过这种"建模"的构造块太小：加、减、乘、除，if-else，for，while……这些就是这种"建模"方法的构造块，并且这种方法对于程序员尤为擅长。

再远一步，我在写书和你沟通，何尝不是一种"建模"呢？这里建模的"构造块"就是常用的 3000 多个汉字和标点符号，构造规则就是"主谓宾定状补"。

通过分析，可以总结出如图 14-3 所示的建模范式。

图 14-3　建模范式

把建模范式应用到不同的粒度，得到如图 14-4 所示的不同层次的建模方法。

（1）自然语言建模

构造块：常用的几千个汉字（或者英语的 10 多万个单词）。

语法规则：主谓宾定状补。

（2）计算机语言建模

构造块：加、减、乘、除、if-else、for、while……

语法规则：程序员很熟悉，此处不再展开。

（3）过程建模

构造块：函数。

语法规则：整个系统描述成一个个过程，每个过程通过函数的层层调用组成。

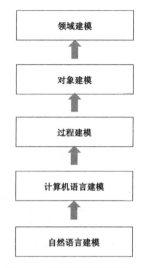

图 14-4　不同层次的建模方法

（4）对象建模

构造块：对象。

语法规则：整个系统描述成对象与对象之间的关系。

（5）领域驱动设计领域建模

构造块：实体、值对象、领域服务、领域事件、聚合根、工厂、仓库、限界上下文。

语法规则："构造块"之间的联系（不是很明显，需要深入研究，也正是领域驱动设计难掌握的地方。

14.9　正交分解

"分解"是一种很朴素的思维方式，把一个大的东西分成几个部分。比"分解"更为严谨、更为系统的是"正交分解"。正交分解首先是一个数学概念，但这种思维方式却很通用，可以应用在技术、业务层面，也可以应用到其他各个领域。

在数学中，$(x,y,z) = x*(1,0,0) + y*(0,1,0) + z*(0,0,1)$。也就是说，三维空间中的所有向量都可以由（1,0,0），（0,1,0），（0,0,1）这三个基本向量组合而成，这三个向量相互独立，是"正交"的。在物理学中的傅立叶变换，任意一种形状的波形都可以由一系列标准的正弦波叠加而成，这也是正交分解。

著名的麦肯锡方法的金字塔原理，同样是正交分解的典型例子。如图 14-5 所示，一个中心论点被分解为多个分论点，每个分论点又被分解为多个论据，如此层层向下分解。

分解过程要保证两个原则：

（1）分清。同一层次的多个部分之间要相互独立，无重叠。

（2）分净。完全穷尽，无遗漏。

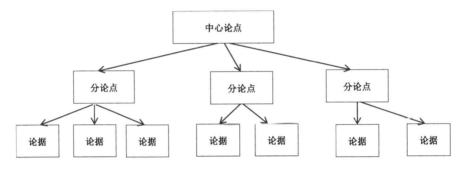

图 14-5　金字塔原理示意图

以人的分类为例：

- 按人种分：黄色人种、白色人种、黑色人种、棕色人种；
- 按国家分：中国人、韩国人、日本人……
- 按地理位置分：亚洲人、欧洲人、非洲人……

……

每一种分法之间相互都不重叠，同时又完全穷尽所有的人。

下面举几个业务方面的正交分解例子。

案例 1：对于电商的供应链来说，一个很重要的部分就是仓库，仓库负责货品的存储和进出。如图 14-6 所示，对于电商来说，有几大核心业务：

- 采购：从供应商采购商品，存入仓库。
- 退供：卖不出去的部分，再退还给供应商。
- 调拨：把货物从一个仓库移到另一个仓库。
- 售卖：C 端用户在电商网站下了单，仓库发货。
- 客退：C 端用户退单，商品退回到仓库。

这些业务的业务流程和逻辑都很复杂，站在仓库的角度，如何支撑这些业务呢？其中一个思维方式就是正交分解：虽然业务种类繁多，但站在仓库的角度来看，只有两种操作："入库"和"出库"。好比平常用的 KV 存储或者缓存，虽然上层业务代码各式各样，功能层出不穷，但对前两者来说主要就是读和取两个操作。

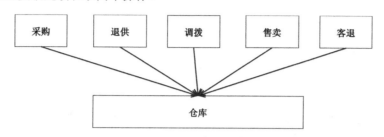

图 14-6　电商供应链仓库支撑的各种业务

正交拆解完之后，对于仓库来说，它只有两类业务：入库和出库。上层的各种业务玩法到了仓库这里，都会转换成这两个中的一个，如图 14-7 所示。

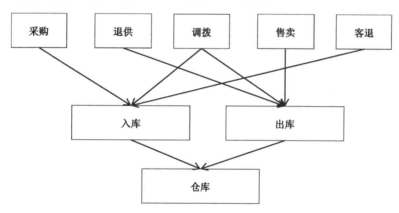

图 14-7　仓库业务正交分解示意图

案例 2：电信公司的套餐种类多样，但拆解开来看，主要有电话、短信、宽带三种服务，然后每种服务又分成了几个不同的规格。然后这些不同规格的服务排列组合，就成了各式各样的套餐，如图 14-8 所示。

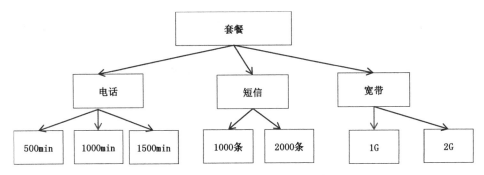

图 14-8 电信公司套餐业务的正交分解

再比如经常遇到的状态字段（枚举值），当一个状态字段有几十种取值，然后每一种取值对应的业务逻辑还有很大差异的时候，可以考虑把状态字段拆解成多个字段，每个字段可能只有3～5 个取值，最后排列组合，就达到了之前一个字段有几十种取值的效果。

第**15**章 | 技术架构与业务架构的融合

15.1　各式各样的方法论

软件领域到现在为止已经发展了几十年，众多的前辈大师们总结了各式各样的方法论，有些已经过时，有些开始变得越来越流行。这里先对这些方法论做一个概览，如表 15-1 表示。

表 15-1　软件开发方法论一览表

方法论名称	解　释
OOA/OOD/OOP 分析模式与设计模式	面向对象的分析、设计与开发
E-R 建模	关系型数据库领域的建模方法论
UML	在 OOA/OOD 基础上的一套成熟的建模方法和工具
SOLID 原则	在 OOA/OOD 基础上，敏捷开发提出的面向对象的几大原则
SOA、微服务	基于服务的架构
RUP 4+1	统一软件过程，架构的 5 大视图
4 色建模	在 OOA/OOD 和 UML 基础上发展的业务分析方法
TOGAF	由国际标准权威组织 The Open Group 制定，在 1995 年发表的 The Open Group Architecture Framework (TOGAF) 架构框架
DDD	领域驱动设计

不同的方法论就像武术的不同门派，往往思考角度不一样，所以没有办法在一个标准的维度下比较孰优孰劣。但是很多时候，大家又在从不同的角度、用不同的语言来表达同样的东西。

照搬任何一种方法论不是本书的目的，本书希望可以跳出这些方法论的框框，从"朴素"的思考方式出发，吸收精髓，然后在实践中根据自己的业务复杂程度和团队的能力模型进行一定的裁剪和折中。

15.2　为什么要"领域驱动"

从 Eric Evans 出版《领域驱动设计：软件复杂性核心应对之道》一书到现在，已经有十几年的时间。在这十几年中，领域驱动设计一直是一门"隐学"，直到微服务架构流行起来之后，面临服务如何拆分的问题，领域驱动设计才越来越被重视，因为大家发现领域驱动设计恰好可以解决这个问题。

但即使如此，在国内也很少有公司会严格遵循领域驱动设计的方法论进行设计和编码，一方面要在一个团队彻底地推广一种方法论有很高的学习成本和较陡的学习曲线，尤其在没有这种思维的情况下，往往也很难得其精髓。另一方面，早在领域驱动设计出现之前，就有很多更经典的方法论，比如数据库的 E-R 模型、面向对象的 OOA/OOD/OOP、SOA 服务化等。

所以在实践中，大家往往是根据自己的业务和团队的情况，选择某种杂糅的方式，可能用 E-R 模型图 ＋UML＋DDD 的某些概念 ＋ 微服务架构。

虽然领域驱动设计的方法论未必完全遵从，但"领域驱动"的这种思想，却是应该极力吸收的。为什么是"领域"驱动，而不是别的什么东西驱动？比如服务驱动？对象驱动？

1．什么是领域

要回答这个问题，先要清楚什么是"领域"。领域是面对的"业务问题空间"，注意是"业务问题"，而不是"技术问题"。所谓业务问题，是指系统如何很好地处理复杂的业务需求、业务流程与业务规则。业务需求一直在增加，并且不断变化着，系统如何快速地应对？

这里关键是"快速"二字，当系统足够复杂后，每增加一个需求，就可能牵扯到很多系统的改动，不仅开发周期很慢，开发人员很累，还容易改出问题。技术如何做到不拖业务的后腿？

比如做电商，有 C2C、B2B、B2C、B2B2C 等多种玩法，系统如何支持这些场景？

比如做广告，有 CPC、CPM、CPT、搜索、推荐等多种玩法，系统又该如何支撑？

2．什么是领域模型

如果说"领域"是"问题"，那么"领域模型"就是为解决这个问题给出的"答案"。"领域模型"是在"模型"前面加了领域二字。从字面上来看，领域模型是模型的一种。

领域就是现实世界的业务，是复杂多变的，我们看到的只是现象；而领域模型就是要找到这些现象背后不变的部分，也就是本质。找到了"本质"，也就是"变化"背后的"不变性"，也就找到了"问题"的"答案"。

具体到领域驱动设计方法论，其引入了一系列概念：实体、值对象、聚合根、领域事件、Specification。就像任何一门语言，最基本的是单词；同样的，领域驱动设计的这些概念就是领域模型这门建模语言的单词。有了单词，可以组装成句子、段落和文章。

这些概念给了我们一系列的分析工具，帮助我们分析出"领域"现象背后的"本质"：

你的领域里面有哪些核心实体？这些核心实体又由哪些子核心实体组成？

核心实体的生命周期（状态迁移）是什么样的？

核心实体之间是什么关系？

除了核心实体，是否还有某些核心的事件、业务规则和算法？

3．领域模型如何描述

要把一个领域模型描述清楚，通常包括两方面的内容：

（1）逻辑层面。通过类图和状态图，表达出关键的实体与实体之间的关联关系，以及每个实体的状态迁移过程。

（2）物理层面。这些实体最终会落到数据库中，对应数据库的 schema，同时可能是分库分表的。

逻辑层面和物理层面会有映射关系，但两者并不是完全一样。假如逻辑层面有两个实体之间存在多对多的关系，在物理层面会多出一张关系表；再比如逻辑层面有多个实体之间存在继承关系，但数据库的表之间是没有继承关系的。

4．为什么要领域驱动？

如果系统很简单，用数据库的 CRUD 就能搞定，不需要领域驱动；如果做的是基础架构，比如开发一个 RPC 框架、分布式存储系统，也不需要领域驱动。运用领域驱动的前提是业务足够复杂并且多变，需要系统灵活支持。

领域驱动也就是"领域模型"驱动，让系统围绕着领域模型构建，而不是围绕其他东西构建。图 15-1 展示了复杂业务软件开发的几个阶段。

第一个阶段，确定业务目标和业务价值。要解决什么人的什么问题，创造什么样的业务价值？这个阶段通常是由公司的高层定义。

第二个阶段，目标被拆解成一系列核心的功能点。

第三个阶段，围绕这些功能点定义业务流程、业务规则，以及整个过程涉及什么样的业务数据或业务对象。

第四个阶段，领域建模。要实现这样的业务流程、业务规则，需要建立什么样的领域模型。

第五个阶段，基于领域模型做技术架构的设计。比如要做读写分离、做微服务拆分，再细化系统之间的交互流程。

在整个过程中，有几个关键点要说明：

业务需求会一直增加，业务流程会改变，业务规则也能改，但"领域模型"却不能随便修改，一改就会牵一发而动全身。也正因为如此，领域建模的本质其实是要找到"变化背后的不变性"。如果找不到"不变性"，领域模型一直改动，就不是领域驱动，只是打着领域驱动的幌子而已。

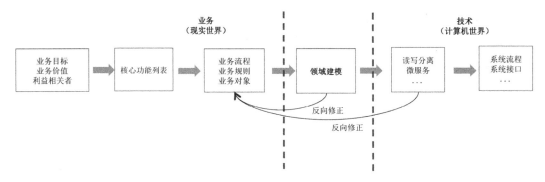

图 15-1　复杂业务软件开发的几个阶段

既然要找"不变性"，就不能只单纯地看当前业务，而要考虑未来可能有哪些变化，哪些扩展。要做到这一点，不能直接把业务概念和系统概念一一对应，需要对业务概念进行分解、抽象，这也正是本书第 14 章讲到的。

在领域建模和技术架构设计过程中，可能会发现要想实现业务流程或者业务规则，系统需要变得很复杂，这时会衡量投入产出比。可能需要反向修正，修改业务流程或规则。可能需要从技术层面解决问题，也可能上升到产品层面（需求层面）解决问题。

明白了什么是领域模型以及领域模型的作用，下面探讨围绕模型的另外一个东西——"流程"。

15.3　"业务流程"不等于"系统流程"

从图 15-1 可以看出，领域建模处在"业务流程"和"系统流程"之间，如果缺失了领域建模，会直接把业务流程实现成系统流程，而这也是开发人员经常会遇到的问题。其中会产生很多问题：

第一，业务流程是粗粒度的，给非开发人员（产品人员、运营人员、用户等）来看的，而系统流程需要更细化，比如业务流程说某个"数据"从系统 A 流向系统 B，但并没有说这个"数据"有哪些字段？这种流向是"推模式"还是"拉模式"？是用消息中间件实现，还是用 RPC 或者 HTTP 调用？

站在业务人员的角度，不关注这些技术问题，但技术人员需要很关注，因为这些问题会影响系统的可维护性、性能、稳定性等。

第二，数据在多个系统之间拷贝，维护困难，各种数据不一致。站在领域建模的角度，或者站在服务化的角度来看，一个数据（比如业务实体或实体之间的关系数据）在全局应该只存在一份，有的系统因为高并发或性能问题，也仅仅是一个缓存而已。但如果纯粹地从业务流程角度看，会出现数据在多个系统之间传递的情况。这种传递造成同一份数据在多个系统之间拷贝，然后各系统又可能对数据做了一定的逻辑加工，比如加上了其他一些额外字段。合理的方式应该是在系统之间传递的仅仅是业务对象的 ID，业务对象本身只在一个系统内管理。

第三，业务流程刚开始简单，可能是瀑布式的，变复杂之后就会变成网状。如果系统流程完全按照业务流程实现，系统也会变成网状，没有分层结构，系统之间全部双向耦合，最后难以维护。

也正因为如此，在业务流程和系统流程之间需要有领域模型，当业务流程变化或新加分支流程后，领域模型不变，基于此实现新的系统流程也会相对简单。

15.4　为何很难设计一个好的领域模型

要在"变化的现实世界中寻找不变性"，希望寻找到一个稳定的领域模型，让系统流程可以灵活改变，模型不怎么变。但在实际中却很难做到，这是为什么呢？

（1）意识问题。 在用户、产品人员、运营人员眼中，沟通的语言是"流程"而不是"模型"。开发人员在与他们沟通过程中，慢慢就形成了以"流程"为主导，而不是以"模型"为主导的思维方式。这使得整个开发过程是"流程驱动"，而不是"领域驱动"。大家在讨论业务与系统解决方案的时候，大部分时间都花在了业务流程、业务规则上，而不是深刻挖掘流程背后的不变因素。

（2）现实世界的复杂性。 业务也就是我们的现实世界，灰度的、模棱两可的东西，比计算机的世界多得多，变化也多得多。这导致技术人员往往不懂业务，也不知道如何去分析业务（也就是图 15-1 中的前三步）。前三步做不到，也就很难进入到第四步。因为不知道这里有哪些东西是不怎么变的，什么东西是容易变的，而这恰恰是做建模的前提条件。

（3）迭代速度。 再稳固的模型，也不可能一成不变，毕竟现实世界一直在变。当现实世界变化到模型不能支持的时候，要能马上修改模型才行。但实际情况是，因为开发效率的原因，工期赶不上，然后就会在旧的模型上进行打补丁，补丁一个接着一个打，最后整个系统臃肿不堪，开发效率进一步降低，如此恶性循环。

这也是为什么互联网公司一直强调小步快跑、快速迭代的原因。既然现实世界变化太快，我们就不要仔细去研究建模了，反正变了可以快速迭代，快速修正。这种方法对于 C 端的产品线，业务流程不复杂、牵扯系统不多的情况很管用。但对于 B 端的大型企业项目，会牵扯到很多系统之间的对接，一次开发，实施完很久也不会再动的情况下，这种方法就不适用了。

（4）火候的掌握。 领域模型是要对现实世界建模，既要去寻找不变性，又要为可能变化的地方留出扩展性。什么地方是不变的，要作为基础；什么地方是易变的，要留出扩展性，这其中并没有一个标准原则。另外，各家公司的业务规模、速度不一样，团队实施能力也不一样。所以在实践中，要么会"缺乏设计"，要么会"过渡设计"。对火候的掌握，需要有悟性。只有反复思考，反复推翻自己之前的想法，再重建新的想法，才能在实践中不断找到领域模型、业务发展速度、技术团队能力之间的"最佳平衡点"。

15.5 领域驱动设计与微服务架构的"合"

微服务是一种"技术架构"，具体到服务的实现，大型公司一般都会有自己的 RPC 和服务治理框架，比如阿里巴巴的 Dubbo、大众点评的 Pigeon，中小型公司可能使用开源的 Spring Cloud。

从领域驱动设计出发，微服务的拆分有两种思维方式：

方式 1：诸侯制

一上来就把整个领域分成几个子域或把一个大项目拆分成几个部分，大家把边界定出来，也就是把子域之间的接口定出来，然后每个团队各自负责子域的领域模型设计和系统实现。如此细化，每个团队内部可以继续拆分，反正对外来说是屏蔽的。

方式 2：中央集权制

先对整个业务做全面的分析，做一个全功能的、完整的领域模型，覆盖整个业务。再把这个大而全的领域模型拆分成几块，让不同团队去实现。

两种方式各有优劣：

方式 1 的难度相对较小，容易落地，各个团队各司其职，但容易失去全局视野；

方式 2 对整体的思考更多，考虑到了各个部分的相互交叉影响，模型会更系统化，但考虑的信息量太大，容易失控，导致最终无法完全落地。

提到"子域"，就不得不提另外一个概念——"限界上下文"，这两个概念很容易混淆，在此稍微补充说一下。

如表 15-2 所示。子域是问题空间，限界上下文是答案空间。限界上下文是为了给每个领域模型有一个确定的含义。就像在自然语言中一样，同一个词在不同的上下文中有不同的意思；只有在一个确定的上下文中，一个词的意思才是明确的。

表 15-2　子域与限界上下文的对比

问　题	答　案
领域	领域模型
子域	限界上下文

理想情况下：一个子域对应一个限界上下文；但实际中，可能一个限界上下文对应多个子域；或者反过来，一个子域对应多个限界上下文。

在微服务大行其道的今天，很多团队都选择的是方式 1，拆！拆！拆！反正遇到复杂问题就拆分……当业务复杂到一定程度时，会发现服务很多，然后服务之间各种交叉调用，整个系统到最后很难维护。那究竟应该如何处理呢？

如果领域里面子域的界限本来就比较明显，则可以选择先拆分。比如做电商系统，用户和订单这两个子域的界限分明，可以选择拆分成两个子域，然后分别设计。

但如果界限不是很明显，比如价格与优惠活动，如果一上来就拆成价格和优惠两个子域，各做各的，请问：最终用户看到的价格，是价格这个子域确定的，还是叠加了优惠活动的？叠加的过程又是怎样的？在这种情况下，最好是把价格和优惠作为一个整体建模，在快建模好之后，再清晰地拆分成两个子域实施。

同样，比如库存，一上来就拆成售卖库存和供应链库存，各做各的？还是把两部分作为整体考虑，然后再分两部分实施？

最后，就应了大家经常说的那句话：分久必合，合久必分。刚开始的时候，业务简单，所有东西都做在一起，看作一个领域；做着做着，某部分越来越复杂，拆出来变成了一个新的领域；当越拆越多，到了一定的时候，发现两个领域之间耦合严重，很多东西类似又有差别，再开始合，如此周而复始。

15.6　领域驱动设计与读写分离（CQRS）

在讨论高并发问题时，我们总结了读写分离这种架构模式，也就是在微服务架构中经常提到的读写分离架构。这里对领域驱动设计和读写分离的关系做一次探讨，其实也是对技术架构和业务架构的关系做一次探讨。

从字面意思能看出来，"读"和"写"都是计算机的词汇，而不是业务的词汇，所以读写分离通常是一个纯粹的"技术架构"。

系统按领域驱动设计方法拆成了几个子域或几个子业务之后，各个子业务去实现自己的系统。如果某个子业务的流量很大，需要应对高并发问题，要做读写分离、加缓存等措施，也只是这个子业务的内部问题，与其他子域没有关系，对外部来讲，应该尽可能屏蔽。从这个角度来讲，读写分离纯粹是一个子领域内部的技术问题。

这是"小范围"的读写分离，如果扩展到公司级别的"读写分离"，又会从技术问题上升为业务问题。比如电商网站的搜索，很显然它是一个"只读"系统，而"写"的一端包括了商品的发布、价格的发布、库存的发布和库存的扣减，这里的"读"和"写"就变成了两个业务，而不是简单的一个业务内部所做的读写分离。

同样，对于广告平台，B 端的广告主发布广告，里面有一系列复杂的业务流程，如选取广告位、制作广告素材、设置投放人群、查看投放效果等。C 端的用户浏览和点击广告，也不是一个纯粹技术上的"读"和"写"的分离，而是 B 端和 C 端两个子业务。

15.7 业务分层架构模式

说到技术的分层，好比一个系统被划分为前端（UI 层）、网关层、服务层、数据存储层。同技术一样，分层思维同样适用于业务。

以电商的商品体系为例，一个商品有很多属性：品牌、类目、货号、供应商、标题、描述、图片、颜色、尺码、价格、库存、促销、奢侈品……这些属性该如何组织呢？按照商品的完整流程，可以划分为这样几个阶段：生产、销售、运营、运输。对应的属性可以分成下面几层：

生产属性：产品从工厂的生产线下来就具有的属性，比如品牌、型号、颜色、尺码等。

销售属性：同一个产品，由不同的供应商销售，就变成了不同的商品，具有不同的价格和库存。

运营属性：在销售阶段，会做各种营销相关的活动，会产生相关的属性。比如奢侈品标签，一个商品是否属于奢侈品与价格有关，而价格又会不断地变化，一个商品本来打有奢侈品标签，后来打了折，奢侈品标签就跟着没有了。再比如促销品，过了某个时间段，促销品就不是促销品了。再比如赠品，买 A 赠 B，B 可能开始是赠品，后来又变成了正常品。

运输属性：比如航空禁运品标签，一个产品是否属于航空禁运品，不是在生产阶段确定的，而是到了运输环节才能确定的。

再进一步，对于生产属性，同一个型号（或货号）的商品，虽然颜色、尺码有多个，但品牌、类目、图片、文字描述等是共用的。所以就有了 SPU 和 SKU 的概念，一个 SPU 下面有多个 SKU，一个 SKU 对应一个颜色的一个尺码，而库存、价格是挂在 SKU 上面的。一个 SPU 对应一个商品详情页，里面呈现多个颜色的多个尺码。

最终，商品的属性分层就变成如图 15-2 所示。

图 15-2　商品的属性分层

　　这里要说明的是，虽然图 15-2 只是一个示意图，在实际场景中，不同的电商公司会根据自己的业务制订特定的商品体系，但这种分层的思维方式却是通用的。

15.8　管道—过滤器架构模式

　　在技术领域中，管道—过滤器的架构模式非常常见：

　　Linux 系统的管道命令可以把各个命令串联在一起；

　　Java 的 Servlet 规范，一个标准化的 HttpRequest 和 HttpResponse 对象，流经各式各样的 Filter，最后到达 Servlet。作为一个开发者，只需要定制自己的 Filter，加入这个管道的链条上面就可以；

　　大数据流行的 Storm 流式计算。

　　管道—过滤器有一个典型的特征：计算模块本身是无状态的，数据经过一个处理环节，处理的结果或数据的状态携带在数据身上，被数据带入到下一个环节。因为计算模块本身是无状态的，这意味着它很容易做水平扩展和高可用。

　　管道—过滤器或流式计算的这种思路在业务领域同样非常常见。只要一个复杂的业务流程可以被拆分成几个环节，且这些环节是线性的，就可以采用流式计算的思路。

　　比如电商平台订单的履约，用户下单付钱后，订单开始进入履约系统。在履约的过程中有很多个环节：拆单、库存调整、财务记账、订单下发到仓库、仓库作业、出仓、物流运输等。这些环节的职责由不同的系统承担，这些系统之间就组成了一个管道—过滤器的模式。

15.9　状态机架构模式

　　在处理流程方面，管道—过滤器的方式比较直接，如图 15-3 所示，数据流依次流过系统 1、系统 2、系统 3、系统 4。

系统 3 和系统 4 不会感知到系统 1 的存在，系统 4 不会感知到系统 2 的存在，每个系统最多只和两个系统交互：自己的上游、自己的下游。整个链条是线性的、单向的。

图 15-3　管道—过滤器模式

但随着业务的发展，因为某些迫不得已的原因，系统之间开始了互相调用，最终可能变成如图 15-4 所示的形式。

图 15-4　不合理的管道—过滤器模式

到了这个阶段，系统已经变成了"蜘蛛网"，既没有层次结构，也不是一个简单的线性关系。管道—过滤器模式已经无法满足了，需要一个新的、更灵活的方式，就是状态机模式或协调者模式。

在设计模式中，有一个典型的模式叫作"中介者"模式，就是为了解决多个模块之间的双向耦合问题而产生的。把这种思想应用到业务领域，图 15-4 就变成了如图 15-5 所示的状态机模式。

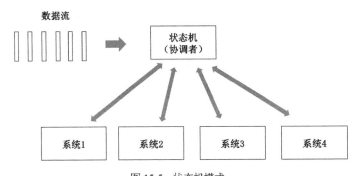

图 15-5　状态机模式

在这个模式中，数据首先进入状态机模块或系统中，然后由该模块决定把数据交给哪个系统处理。关于这个模式，有几点要说明：

1）四个系统之间没有交互，相互独立。这使得各自非常纯粹，专注地处理好自己的事情即可。

2）之所以叫"状态机"模式，是因为状态机模块维护了原始数据流中每条数据的状态。正是基于这些状态，状态机才知道每条数据当前是刚开始处理，还是处理到了中间某个环节，或是已经处理完了。基于状态，状态机可以把数据准确地分发到对应的处理系统中。

3）在实现层面，状态机和四个系统之间可以是 RPC 同步调用，也可以是基于消息中间件的 Pub-Sub 模式调用，也就是微服务里讲的 Event-Sourcing。

在面向 B 端的复杂业务中，时常会用到"工作流引擎"：比如公司内部的 OA 审批流程，对于一个报价单，一线商务人员提交之后，可能要经过经理、总监、VP、CEO 审批。不同类型的单据，审批节点还不一样，重要程度不高的可能只需要经理审批；重要程度很高的，要层层审批，直到 CEO。所以整个流程是要高度配置化的，还可以随时调整。这时就会用到工作流引擎。

工作流引擎就是一种典型的状态机模式，每种不同类型的单据进入工作流引擎；工作流引擎根据单据的类型转发给不同的审批节点，审批节点完成审批之后，把结果反馈给工作流引擎；工作流引擎再根据结果决定下一步将该单据转发给哪个节点。

15.10　业务切面/业务闭环架构模式

在技术领域有面向切面的编程（AOP）：当多个类之间没有继承关系，但却需要所有的类，在其某个方法里面完成一个共同的操作。比如在某个方法的开始打印一行日志，方法返回之前再打印一行日志，这时就需要用到 AOP。

同样，在业务领域，可以把公共的业务逻辑抽离出来，做成一个公共的系统，这个系统会横切所有的业务系统。下面举几个例子：

例 1：SSO 单点登录

对于大型公司，员工要拿着自己的工号或密码登录多个内部系统：比如对开发人员来说，要登录代码管理系统、数据库管理系统、运维系统、监控系统、OA 系统等。这些系统是由不同的开发团队来维护的，如果每个系统都要登录一次，会影响工作效率。

在这种场景下，就可以把"登录"功能抽出来，做成一个 SSO 单点登录系统，所有的内部业务系统都不再需要自己做登录功能，而是和 SSO 登录系统做对接。登录第一个内部业务系统的时候，回去 SSO 做登录，之后再进入第二个内部业务系统的时候，检测到在 SSO 已经处于登录状态，会自动跳过登录页面，进入系统。

例 2：统一权限管理

权限管理也是 B 端系统面临的一个公共问题，同一个系统，由一线从业人员、经理、总监、管理员等不同级别和不同角色的人使用，不同级别、不同角色的人需要赋予其不同的操作权限，如果每个业务系统都做一套权限控制功能，会重复造轮子。

在这种场景下，就可以将"权限管理"功能抽离出来，做成一个统一的权限系统。每一个业务系统在这个权限系统里面分配一个"业务的 key"，然后在业务下面可以定义自己业务系统的权限、角色，为组织内部不同层级的人定制角色。

业务系统与通用权限系统的交互可以是纯粹基于配置、完全自动化的，也就是在通用权限系统配置好权限后，业务系统不需要代码开发；也可以是手动的，业务系统与通用权限系统通过 API 进行交互，业务系统通过代码做灵活、复杂的权限控制。

例 3：规则引擎

在业务开发中，业务逻辑往往非常复杂，会看到很多的 if-else 代码。它们可能层层嵌套，可读性和可维护性都很差。如果可以把这些逻辑代码总结归纳成一条条的业务规则，就可以利用规则引擎。

规则引擎的好处是有人性化的操作界面，可以把这些规则集中地整理在一个地方，便于维护。有新的需求来了，要加新的规则，可能在界面上加一条即可，而不用修改代码，重新发布系统。当然，使用规则引擎的前提是，需要对业务进行抽象、归纳，梳理出一条条清晰的规则。

与"业务切面"相对应的是"业务闭环"：业务切面是在"横"向上对公共的业务逻辑做抽离，而"业务闭环"是在"纵"向上把一个业务涉及的完整东西包在一个业务域里面，让一个团队负责。

这点和商业层面的商业模式很类似：所有做"平台"的公司，都是"横"向扩展，在做一个"横切面"；而做垂直业务的公司，会"纵"向扩展，延伸产业的上下游，最终形成一条龙服务。

下面以电商平台的"客服系统"为例说明"业务闭环"，如图 15-6 所示。

从利益相关者角度来看，首先，在 C 端用户，客服系统需要接受用户的"售后申请单"；然后客服人员介入处理；然后，对于某些售后申请，客服人员不能直接做出决策，需要把售后申请转给客服经理；还有些种类的售后申请需要与供应商确认，供应商答复之后才能进行下一步处理。最后，客服系统可能调用订单系统做订单的修改操作，可能调用支付系统进行退款。

通过分析，我们看到要完成"客服"这样一个业务，涉及多方的协同。其中，客服人员、客服经理对应的功能肯定要做在客服系统里面；但对于供应商，就涉及客服系统和供应商系统的职责划分问题。

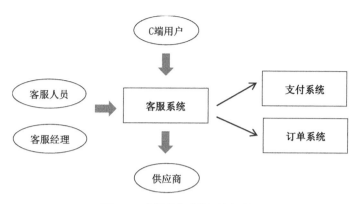

图 15-6 客服系统利益相关者分析

因为供应商系统本来就有很多针对供应商的功能，比如采购确认、订单下发、退供，所以客服系统的功能有两种选择：

选择 1：客服系统把售后申请的某些单据下发给供应商系统，供应商系统负责和供应商交互，然后把最终结果返回到客服系统。

选择 2：客服系统负责全流程，做一个和供应商交互的界面，这个界面嵌入在供应商系统里。所有的业务和开发工作全部在客服系统中完成。

对于选择 2，就是一种"业务闭环"的做法，在这种场景下，要比选择 1 更为合适。因为选择 2 更符合高内聚的原则。

第 5 部分　从架构到技术管理

　　对行业稍微有些深入了解的人应该知道，在大型互联网公司中，大部分的业务和相应的团队既没有"架构师"也没有"项目经理"职位，通常由技术负责人兼任。所以，在作者看来，"架构师"不是一个职位、一个头衔，而是一种综合的技术能力。

　　在具备这种技术能力后，大部分人会不可避免地走向"技术管理"的岗位。当然，不排除有少数的技术专家对带团队没有兴趣，会一生专注于技术研究。

　　技术管理首先不是一个管理别人的问题，而是自我管理的问题。要做好技术管理，需要在技术能力之外全面提升其他方面的能力。全面能力的提升，会让自己在团队里一点点地扩大自身的影响力，而之后的带团队，自然水到渠成。

第**16**章 | 个人素质的提升

16.1　能力模型

在前面的章节中，已经基本勾勒出技术的能力模型。在此，把技术之外的东西也纳入进来，看看一个全面的技术人员的能力模型应该是什么样子。

1. 格局

假如我们去一个陌生的城市旅游，首先需要的是一张"地图"。这张地图定义了城市的"边界"，也定义了城市的所有地方。通过地图，我们会对这个城市有一个"全局的了解"。

而这种"全局的视野"不只架构需要，换作其他职位、其他行业，也同样需要。作为产品经理，需要对产品有全局视野；作为运营人员、市场人员，需要运营、市场相关的全局视野；做技术，需要技术相关的全局视野。

说了这么多，可能还是比较"虚"，下面举例说明到底什么是全局视野。比如现在负责开发一个新系统，可能需要理解下面这些关系到"大局的问题"：

- 系统的定位是什么？它能创造哪些核心价值？
- 开发这个系统的背景是什么？为什么以前不做，现在要做？是因为业务发展到了一定规模？还是开发资源现在有多余，没事可干？
- 系统在整个组织架构中处于什么位置？与这个系统关联的其他系统目前处于什么状况？
- 产品经理如何看待这个系统？技术负责人如何看得这个系统？
- 这个系统的需求处于比较确定、比较清晰状态，还是有很大的灰度空间？很多核心点，大家有没有想清楚？
- 这个系统所用的技术体系是比较老，还是最新的？
- 对于业界类似的系统，别的公司是如何做的？

······

上面这个例子并没有标准答案，此处想表达的是，一个有大局观、有"格局"的人，在做一件事情之前，会对所做的事情有一个"全局把握"，风险如何？挑战在哪？提前都有心理准备。

"格局"是有层次的，国家总理在"国家"的层次思考，公司 CEO 在行业、"公司"的层次思考，业务线负责人在其负责的"业务"层次思考，技术负责人可能主要在"技术层次"思考，产品负责人在"产品层次"思考，程序员在"代码"层次思考。

不同层次的人聚焦的范围不一样。如果能把自己的"范围"往外扩大一圈，这对自己做"本职工作"会很有益处。而这，就是"格局"。

2. 历史观——技术血脉

如果说"格局"是从空间的角度看待问题，那么"历史观"就是从时间的角度看待问题。任何一种技术，都不是凭空想象出来的，它一定是要解决某个特定问题而产生的。这个特定问题一定有它的历史背景：因为之前的技术在解决这个特定问题时不够好或有其他副作用，所以才发明了这个新技术。所以，看待一个技术或方法论，需要把它放到"历史长河"中去，看它在历史中处于什么位置。

何止是技术，任何其他学问，何尝不需要"历史观"？就这是所谓的"历史唯物主义"。

3. 抽象能力

同"格局"一样，"抽象能力"又是一个很"虚"的词。可作为架构师，就是需要这种"务虚思维"。

抽象也是一个"层次"结构，从最底层到最上层，在不同工作阶段需要在不同的抽象层级中思考。

很多写代码的人都习惯"自底向上"的思维方式。当讨论需求的时候，他首先想到的是这个需求如何实现，而不是这个需求本身是否合理？这个需求与其他需求有何关联关系？

这种过早考虑"实现细节"的思考方式会让我们"只见树木，不见森林"，最终淹没在错综复杂的各种细节之中，因层次混乱，往往把握不住重点。

同样是前面的例子，假如做一个新的系统，从"抽象"到"细节"，应该考虑：

- 每个需求的合理性？
- 这个系统的领域模型是什么样的？
- 这个系统应该在旧的上面改造？还是应该另起炉灶？
- 这个系统可以分成几期，分期实施？
- 这个系统要拆分成几个子系统？
- 每个子系统又要拆分出多少个模块？
- 系统的表设计？API 接口设计？Job 的设计？系统之间的消息传输如何实现？

……

从上到下，是一个逐级细化的过程，并且进入到下一级之后，上一级可能又会退回去修改。

4．深入思考的能力

深入思考能力主要指"技术"的深度。关于"广度"，在"格局"层面已经包含。

"深度"并不是要在所有领域都很深。人一生的精力是有限的，我们不可能深入掌握所有的技术领域，但至少需要对于一个领域非常精通。

拥有这种深度并不代表要胜任当前的工作必须达到这种要求，而是要养成这种"深入思考的习惯"，当我们在思考其他问题时也会带着这种"习惯"。

由于技术一直在更新换代，当面对一个新技术的时候，如果具有深入思考的能力和习惯，对新技术的理解往往也会更透彻。

同时，"深度"会让你对"技术风险"有更加清醒的认知。在做一个项目的时候，可能会提前发现里面潜在的"坑"，而不是等到实施了才发现问题，被动解决。

5．落地能力

落地能力就是通常所说的"执行力"，取决于很多因素。首先，架构方案必须是能够落地的，而不是只能停留在 PPT 上面。对于一个技术管理者，需要跟踪从架构设计到架构落地的完整过程，在落地过程中发现问题，实时修正，才可能真正做到"理论"与"实际"的统一。

然后是项目管理的问题，需要对项目中任何可能存在的不确定因素、阻碍项目进度的因素进行把控。

在这些不确定因素里面，很多是"人"的因素，而不是"技术"的因素。再复杂的系统，都是由"人"开发出来的。而人多了之后，与"人"相关的问题会自然产生：沟通不充分、组织混乱、职责不清。

作为一个技术管理者，需要意识到这些问题的存在，然后在各种障碍之下找到一条路线，去达成业务和团队目标。

16.2　影响力的塑造

初入职场时，大家都很青涩，能力也相差无几。然而几年过后，有的人升成了负责人，管理更大的事情；有的人还在原地踏步，没有多大提升。影响一个人职业生涯的因素有很多，有公司业务、运气、人/团队、个人和领导性格合拍等。这些方面多数超出了一个技术人的掌控范围。

而本文想从最底层谈一谈作为一个技术人，应如何务实地塑造自己的影响力。这里没有运气成分，是任何一个人只要用心做都可以做到的。

1．关键时候能顶上

在一个组织开展业务的过程中，必然会有一些比较"关键"的事件：

- 某个问题困扰了团队一个星期，也没有人能搞定；
- 某个成员离职，他负责的模块没有人接手；
- 某位用户反映的问题像牛皮癣一样，总是时不时发生，无法根治；
- 某个需求发生工期延误，到了快上线的时候却上不了；

……

如此种种，有的人的解决办法是"能避开就避开"，有的人解决办法是主动迎上、"死磕"，不解决誓不罢休……

2．打工思维和老板思维

如果是打工思维，安排的事干完了其他一概不管。只管好自己的一亩三分地，技术做完了，产品、运营、业务发展一概不关心。产品体验好不好，业务发展前景如何，与自己无关。

如果是老板思维，会想：

- 这个产品的价值究竟在哪？
- 这个产品有什么问题，如何改进？
- 团队的协作流程有什么问题，如何改进？
- 技术架构有什么问题，如何改进？
- 某些用户投诉一直没解决，如何处理？

……

3．空杯心态

术业有专攻。水平再高的人，也只是在某一个领域很强，换一个其他的领域，可能什么都不懂。

技术、产品、运营、测试、运维……每个领域都有自己的门道。单说技术，也有前端、后端、架构、算法、数据……每个子领域也都有很深的门道。

说这些是想说明，在任何时候，我们需要意识到自己的"无知"。只有意识到自己是有"局限的"，才可能不断去听取别人的意见，不断改进自己的工作方法，提升自己的专业能力和视野。

否则就会一直待在自己的舒适区里，刚愎自用。

4．持续改进

世界上从来没有能做到 100 分的事情。产品也好，业务流程也好，技术架构也好，项目管理也好，运营也好……只要想"鸡蛋挑骨头"，总可以找出要改进的地方。

所以要有"批判性思考"的习惯。不能觉得"差不多"就可以，要追求极致，其实有很多事情要做。

在考试时会体会到这样一个道理：从不及格到 60 分，很容易；从 60 分做到 80 分，难一点；

237

从 80 分做到 95 分，很难；从 95 分到 100 分，每增加 1 分，难上加难。

做事情和考试一样，有的人选择做很多事情，但每个事情都只是及格；有的人选择做一个事情，不断向 100 分靠近。

5．建言献策

接上面的问题，如果有"批判性思考"的能力，能看到一个组织存在的各种问题，并想出应对的解放办法。然后多和同事、领导沟通这些事情，无论对于个人成长还是组织，都是一个正向作用。

说了这么多，最后换位思考一下：如果我们看到公司某个同事在关键时候能顶上，做事追求极致，思考总是很全面，对业务的了解总是比其他技术人员要多，总是很虚心地接受意见，时不时地给公司提出自己的建议。是不是觉得这个人很靠谱，觉得这个人适合带团队。

第**17**章 团队能力的提升

在"修身"之后，接下来进入"齐家"的部分，也就是如何带领团队打仗，打出一个个漂亮仗。

17.1 不确定性与风险把控

技术管理的首要任务是项目管理。就是如何带领一个团队完成一次次的产品迭代，一个个的项目开发。这里涉及的东西很多也很复杂，包括研发、测试、运维、产品、项目管理、数据分析……不同类型的项目、不同的公司文化，在这件事情的做法上都会有差异。

但无论这些差异如何，对于项目管理，有一个关键问题要面对："不确定性"问题。从人的认知来讲，做任何事情，思路都是从一个"朦胧"到逐步"清晰"的过程，项目的进展也是一个从思路、到方案、到落地的细化过程。

在这个过程中，不可避免地存在各种"灰度"，或者说"不确定性"。而项目管理就是要提前防范各种"不确定性"，并采取相应措施，让整个团队、项目克服重重干扰，成功到达终点。

有哪些"不确定性"呢？总结归纳如下：

1. 需求的不确定性

在做产品或项目时，产品经理、老板或其他相关人员都会有很多"想法"。有些想法很成熟、逻辑严密、很有系统性；而有些想法还不成熟，需要进一步优化；也有些想法，纯粹是头脑风暴，想想而已。

而由于各种外部条件，比如工期的约束、绩效的追逐、领导的压力……很可能项目在一个想法没有完全想清楚的情况下就开始了实施。

这就是一个重大的"不确定性"。遇到这种情况，作为技术负责人，需要和产品经理、相关业务方、上级领导等进行广泛的沟通，最终在这个事情上达成"共识"：到底哪些是东西清晰的，我们可以开始做，哪些还需要进一步思考和细化。

2. 技术的不确定性

在做一个新项目时，可能会遇到技术选型的问题，团队中的成员尚未掌握某个框架、开源库或对接的第三方开放 API 等。对于这种情况，必须在项目早期做尽可能多的调研和测试。对于引入的技术框架，哪些特性可以支持、哪些不能支持；对于技术选型，不同方案的优缺点都是什么。

尤其是一些关键的技术细节，如果在前期不调研，等到中后期才发现某个框架无法支持或有问题，可能对整个的技术架构和项目进度造成严重影响。

3．人员的不确定性

例如一个系统耦合度高，有一个关键模块的开发人员突然离职，新成员又对项目不熟悉、然后慢慢摸熟、上路，等最后项目完工时，离预定工期已经差了一大截。

对于这种情况，一种应对策略就是：不要把项目最核心的部分让一个人开发维护，导致别人无法插手。要分摊风险，在技术的架构设计层面，保证整个系统耦合性不能太高，根据团队成员的水平，每个人都可以承担一块东西。这样即便某个人离职，也有相应的人可以补上。

4．组织的不确定性

公司越大，业务越复杂，部门越多。随便做一个项目，都可能与好几个业务部门打交道。这些部门可能还在异地，平时只能即时通信，或者远程电话沟通。

对于这种情况，在项目前期必须要做尽可能多的沟通，调研对方提供的业务能力，哪些目前有，哪些还在开发中，哪些还没有开发。

在充分沟通的基础上，和对方敲定排期表，不定期地同步进度，保证对方的进度和自己在一个节奏上。

5．历史遗留问题

一般当一个新人进入一家公司，除了创业型公司，很少会一上来就能做一个新项目。首先是接手前人留下的老项目，在此基础上进行迭代升级。

有些老项目的技术架构很清晰，文档清楚，业务清楚，还有对项目熟悉的其他同事；也有些遗留项目欠了很多技术债，之前的开发人员也走了，业务人员很多都熟悉。

对于这种情况，需要对项目进行完整的梳理：从产品到技术，找各个接口人沟通，可能经过了两三个月，才对整个系统有了一个全局的把控。

上面列举了带团队和做项目的过程中遇到的几个常见的"不确定性"问题，在做的过程中，不同项目又会有差别。

本书主要想强调的是：要有"风险把控"的意识，在项目早期努力地想出各种各样的"不确定性"，未雨绸缪。

17.2　以价值为中心的管理

作为一个程序员，特别是有技术追求的程序员，经常关注的是：技术水平有多么高，多么复杂，多么酷炫。可当被问到做的东西有什么"价值"时，往往很难说清楚。

技术的价值到底是什么？

我们都知道 GitHub 网站上有很多的开源项目，如何衡量这些项目的价值大小呢？下面有一些考虑因素：

- 以技术复杂度衡量？
- 以代码行数衡量？
- 以技术的先进性衡量？
- 以创新性衡量？

在作者看来，衡量这些项目的关键指标是：有多少人使用了这个开源项目。即使这个项目的代码量很少，功能也很简单，但如果很多组织、个人都在用，说明它就是有巨大价值的。

如图 17-1 所示为技术的四层价值模型。

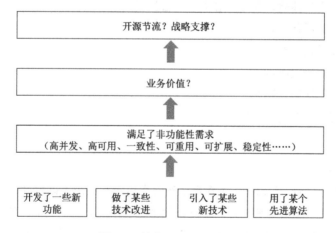

图 17-1　技术的四层价值模型

1. 第一个层次

程序员最熟悉且经常谈论的：系统有多少个业务模块，功能多么强大，采用了多少新技术，采用了某个先进的算法。

2. 第二个层次

在所做的所有工作中，最核心的是采取了哪种措施？最终可能会抽象出一到两个。再追问一下，这一到两个大的技术改进有什么价值，通常都会追问到软件的各个非功能性需求：

（1）**可重用性**。做了某个 Jar 包、组件、服务，别人不再需要重复造轮子。

（2）**可扩展性**。来了一个新的需求，只需要配置一下或做很简单的代码开发即可实现，不需要改动很多系统。

（3）**可维护性**。整个系统解耦做得很好，代码也很整洁。叠加功能或找人接手都比较容易。

（4）**高性能**。用户体验很好，所有请求都在 100ms 内返回。

（5）**高并发**。能支持千万到亿级的用户并发访问。

（6）**稳定性**。系统时不时出问题、宕机，已经把这些问题都解决了，还增加了监控，出问题会立即报警。

（7）**高可靠**。做了灾备方案，即使某个机器宕机，系统也不受影响。

（8）**一致性**。做到了强一致性，极大地提高了业务体验。

……

3. 第三个层次

所做的系统为公司带来了什么业务价值：

- 极大提升了用户体验？因此促进了用户增长？
- 提高了用户的活跃度？
- 为公司增加了收入？
- 降低了公司的研发成本？
- 提升了公司的运维效率？
- 为公司开辟了一个新的市场？

……

4. 第四个层次

站在公司的角度来看，公司是一个在市场经济中追求利润最大化的组织。从这个角度来看，技术也好，产品也好，运营销售也好，最终目的都是要增加公司的利润，即使短期不盈利，长期也是要盈利的。而增加利润，要么"开源"，要么"节流"。所以做的任何东西的价值，基本都会被归结到从这个层次去评判。当然，还有一类是"战略性投入"的项目，虽然它本身不直接挣钱或挣钱很少，但是为了支撑其他盈利的核心业务而能发挥重要作用。

在这四个层次之外，可能会涉及研究性质的技术、技术的普惠性、技术对整个社会的促进作用等，这已经超出了某个业务的技术范畴，本文不展开讨论。

以"价值"为中心的管理，会让人避免陷入"无效忙碌"的状态：整个团队天天忙得不亦乐乎，做各种功能，解决各种问题，但回过头来想想，到底有多少东西是有"价值"的？

17.3　团队培养

有些技术团队的负责人水平很高，解决问题迅速，但团队成员技术平平，遇到问题都需要负责人亲自上阵解决、累个半死，团队整体非常低效，成员得不到成长，这是典型的缺乏团队培养的思维和意识的案例。

团队的培养包括很多个方面，常见有如下几方面：

1. 技术能力

要培养人，首先得"识人"。只有清楚地知道团队成员的技术能力层次，才能针对不同层次的人设置不同的培训内容。对于技术人员，可以粗略地分为如表 17-1 所示的几个层次。

表 17-1　技术人员的技术层次

层　　次	特　　征
初级	全部是"面条式"代码，超长类、超长函数，各种晦涩难懂的 if-else。写出来的代码时常出问题，且长时间定位不到问题，对写的功能无法完全掌控
中级	能熟练地完成各种功能开发，问题少，出现问题能快速解决 代码模块化程度比较高，系统稳定，有业务运维的意识
高级	功底深厚，能解决各种开发中的"疑难杂症" 熟悉业务，能根据业务设计出合理的技术方案
资深	对技术和业务都有深刻的思考，能对大规模、跨团队的复杂系统进行很好的架构设计

对于初级人员，需要时常做代码评审，需要读《数据结构与算法》《代码整洁之道》之类的书籍，培养代码思维。

对于中级人员，要培养系统设计能力。

对于高级人员，虽然有系统设计能力，但不够深入，缺乏完善的方法论。

对于资深人员，就解决问题来讲，技术已不是问题，需要发展的是业务能力，成为某个领域的技术领军人物。

对于一个技术团队来说，绝大多数都处于前三个层次，在技术上还有很多的上升空间。在这种情况下，需要在完成业务需求的同时，让团队成员的技术水平不断提高。

可以不定期地举行技术培训、技术分享，在整个团队中形成一个较好的技术的文化氛围，形成一个人带人、人帮人的协作氛围。

2. 独立意识

独立非常的关键，无论对于任何级别的人，都需要独立。所谓独立，就是能掌控事情。交给一个功能开发，能独自把功能做得很好；

交给一个模块，能把模块快速开发完，运行稳定；

交给一个系统，能把系统从设计，到编码、上线，完整地接住；

交给一个项目，能带领一个小团队从需求开始一直到上线完成整个项目，不需要上级操心，按时按质地交付。

做到这一步，意味着团队的每个人在自己所处的层次都是可"托付"的，否则就会频繁出现"补位"。组长干组员的活，经理干组长的活，总监干经理的活，副总裁干总监的活……层层错位，最后整个组织缺乏"顶层设计"。

3. 思维能力

当下属遇到问题时，很多人的解决办法是，告诉他问题的解决办法，然后让他把这个问题解决好。如果只做到这一步，则没有起到培养的作用。

对于一个团队来说，解决项目中遇到的问题只达到了及格分数。更需要在解决项目问题之上升华一层，也就是培养思维能力。

思维能力的培养只能靠平时，在面对一个个的问题时，通过一次次的讨论来言传身教。面对问题要刨根问底，深挖问题的背景，掌握解决问题的办法背后的技术原理，研究是否有更好的解决办法……如此一来，思维能力慢慢就会提高。

每个人在职场上工作，都是要养家糊口的。站在下属的角度去想一下：如果跟着你干，能力没什么提升，薪资待遇也没什么增长，公司业务前景也看不到，为什么会跟着干呢？

所以，作为一个管理者，要多去赋能他人、成就他人，做项目只是一个过程，最终是要打造一个极具战斗力的团队。有了这样的团队，可以在公司发展的不同阶段自如地切换到不同的业务。